LOTHAR SEIWERT
SILVIA SPERLING

DIE INTERVALL WOCHE

Arbeitest du noch
oder lebst du schon?

Der einfachste Weg zu NEW WORK

KNAUR
BALANCE

Originalausgabe Oktober 2020
© 2020 Knaur Verlag
Ein Imprint der Verlagsgruppe
Droemer Knaur GmbH & Co. KG, München
Alle Rechte vorbehalten. Das Werk darf – auch teilweise – nur mit
Genehmigung des Verlags wiedergegeben werden.
Redaktionelle Mitarbeit: Dennis Sand
Lektorat: Ralf Lay
Covergestaltung: Carola Bambach, nach einer Idee von ki36
Coverabbildung: shutterstock.com/StudioLondon
Abbildungen im Innenteil: S. 8 (wiederholt) StudioLondon/Shutterstock.com;
S. 25 le-tex publishing services, Leipzig (im Folgenden »le-tex«) nach Umfrage
Citrix/OnePoll, 2019; S. 38 Aletheia Shade/Shutterstock.com; Tiervignetten
S. 74–76 Rimma Z/Shutterstock.com; S. 77 Zanna Art/Shutterstock.com;
S. 85 le-tex nach Kleitman; S. 100–104, 106, 112, 134–176, 230
Lucas Meinhardt/Droemer Knaur; S. 105 le-tex unter Verwendung von
AF studio/Shutterstock.com; S. 115 le-tex publishing service; S. 127 le-tex
publishing service; S. 182 simonsinek.com; S. 184 le-tex unter Verwendung
von Susann Schroeter/Shutterstock.com; S. 203 le-tex unter Verwendung von
redchocolate/Shutterstock.com; S. 218 le-tex nach MeinungsMonitor mS263,
managerSeminare, Mai 2020 ; S. 222 le-tex nach Erik Händeler; S. 229 le-tex
nach Seiwert/Sperling; S. 241 Macrovector/Shutterstock.com; S. 245 le-tex nach
Work-Life-Flow-Grafiken von Microsoft; S. 253 le-tex nach www.daswirtschafts-
lexikon.com; S. 254 le-tex nach Seiwert/Sperling; S. 256–261 le-tex unter
Verwendung unterschiedlicher Icons von Shutterstock.com; S. 262 le-tex unter
Verwendung unterschiedlicher Icons von Shutterstock.com
Satz: Adobe InDesign im Verlag
Druck und Bindung: CPI books GmbH, Leck
ISBN 978-3-426-67598-4

2 4 5 3 1

INHALT

TEIL 3:

Die Intervall-Woche in der Praxis *oder* Boss seines Lebens werden

ZUM GELEIT: VON CAWA YOUNOSI

Es gibt eine Philosophie bei *SAP*. Oder eher: eine goldene Regel. Bei allem, was wir bei uns im Unternehmen debattieren, planen und umsetzen, steht immer der Mitarbeiter im Mittelpunkt. Das ist unumstößlich. Wir tun dies aus einer tiefen Überzeugung. Aus der Überzeugung, dass damit sowohl dem Menschen als auch dem Unternehmen geholfen ist. Wir sind sicher, dass nur ein ausgeglichener Mitarbeiter, der genügend Raum und Zeit für Kreativität und Selbstentfaltung bekommt, langfristig für sein Unternehmen produktiver ist. *Happy People, Happy Customers!*

Damit liegen wir auf einer Wellenlänge mit der *Intervall-Woche*. Dieses Buch ist nicht bloß ein scharfes Plädoyer für eine neue Unternehmenskultur, die vom Menschen her denkt. Es ist auch ein klug begründetes Manifest für einen Wandel, der uns zu mehr Produktivität, Wachstum und Erfüllung führt. Dieses Buch zeigt, dass alles miteinander zusammenhängt. Die Natur mit dem Menschen, der Mensch mit den Organisationen und die Organisationen mit dem Wirtschaftssystem. Dieses Buch ist aber auch eine Anleitung: für Angestellte wie für Unternehmenslenker. Für Fachfremde wie für Wirtschaftsinteressierte.

Die Arbeit von morgen geht uns alle etwas an. Dieses Werk ist ein spannender Beitrag für die Debatte, die uns noch lange begleiten wird und die wir durch unsere Arbeit schon vor einigen Jahren praktisch anzustoßen versucht haben.

Wir sind glücklich, dass dieses neue Buch dabei hilft, eine wichtige Botschaft zu verbreiten, die wir bei *SAP* seit vielen Jahren leben.

Cawa Younosi
Head of Human Resources Germany / Mitglied der
Geschäftsführung der *SAP Deutschland SE & Co. KG*

ÜBER DIESES BUCH

Dieses Buch ist ein *Buch der Krise.* Nicht nur, weil wir es zu großen Teilen während einer globalen Pandemie geschrieben haben. Zu einer Zeit, in der ein neuartiges Corona-Virus die Welt im Griff hielt. In der Covid-19 das öffentliche Leben global zum Stillstand brachte und die Menschen zu einer »Entschleunigung« zwang. Sondern auch, weil das Thema, das wir hier behandeln wollen, ein Krisenthema ist. Wir sind fest davon überzeugt: *Unsere Arbeitswelt steckt in einer tiefen Depression.* Die Art zu arbeiten, wie wir sie kennen, hat ihren Höhepunkt schon hinter sich. Die Art zu arbeiten, wie wir sie kennen, macht uns *krank.* Wir haben das Gefühl, in einer gigantischen Maschinerie gefangen zu sein, die uns längst schon aufgefressen hat. Wir haben das Gefühl, bloß noch Teil eines großen Ganzen zu sein, das wir nicht mehr durchschauen können. Wir sind kaputt. Wir sind müde. Wir fühlen uns fremdbestimmt. Wir unterwerfen uns einer äußeren Taktung, die uns nicht natürlich erscheint. Wir spüren, wie die Zeit von Tag zu Tag verrinnt. Von Woche zu Woche. Von Monat zu Monat. Zu viele Menschen leben nur noch für das nächste Wochenende. Für den nächsten Sommerurlaub. Vielleicht sogar schon für die Rente. Wir fühlen uns gelähmt. Wir hören eine innere Stimme, die sagt: »Jetzt reicht's!« Wir können und wollen so nicht mehr weitermachen.

Dieses Buch ist aber nicht bloß ein Buch über unsere Arbeitswelt. Es ist ein Buch über den Menschen. Ein Buch über die Gesellschaft, in der der Mensch lebt. Und ein Buch über den Umbruch, der der Gesellschaft bevorsteht. Die erste Idee zu diesem Projekt hatten wir im November 2019. Im November 2019 war das Gefühl, dass man die Arbeitswelt in

Unsere Arbeitswelt steckt in einer tiefen Depression.

ihrer bisherigen Form nicht mehr hinnehmen wollte, beinah greifbar. Man diskutierte nicht nur in Deutschland, sondern auf der ganzen Welt über *verkürzte Arbeitszeiten*. Besonders das Konzept der *Vier-Tage-Woche* fand sich regelmäßig in den Schlagzeilen. Die Software-Firma *Citrix* führte zu dem Thema eine umfangreiche Studie durch, *Microsoft* hat in Japan testweise für einen Monat die Vier-Tage-Woche eingeführt und seine Mitarbeiter mit vollem Gehalt vergütet. Ausgerechnet in Japan, dem Land, das den Begriff *Karoshi* in seinem Vokabular trägt: Tod durch Überarbeiten. Aber auch andere Variationen von Arbeitszeitverkürzungen standen hoch im Kurs: Die finnische Premierministerin kandidierte mit der 24-Stunden-Woche in ihrem Wahlprogramm. Cawa Younosi, Mitglied der *SAP SE*-Geschäftsleitung und »Human-Resources-Punk«, wurde in zahlreichen Leitmedien porträtiert und für seine innovativen Arbeitsmethoden wie die Co-Leadership oder eine 75-Prozent-Führungsstelle in Teilzeit als Visionär gefeiert. Es lag etwas in der Luft: Die Menschen sehnten sich nach neuen Modellen, wie sie in Zukunft arbeiten und leben wollen. In dieser Zeit gab es aber auch noch ein anderes Thema, das groß in den Medien behandelt wurde. Es wurde mehr und mehr von Intervallen gesprochen: »Intervall-Sport«, »Intervall-Fasten« und »Intervall-Schlaf« – schon seit einiger Zeit haben die Menschen entdeckt, dass sie mithilfe ihrer ureigenen Intervalle ihr Leben verbessern können.

Wir, die Autoren dieses Buches, kennen uns bereits seit mehreren Jahren. Unsere Zusammenarbeit und Freundschaft begann mit der Reihe *Start Your Bullet Journal,* als wir über die neue spielerische Organisationsmethode drei Bücher veröffentlicht haben. Die Erkenntnisse über die Intervalle verbanden sich an einem dieser Novemberabende in einer Münch-

Die Perspektive: die Arbeit und das Leben nach Intervallen ausrichten.

ner Hotellobby in unseren Köpfen mit der anhaltenden Debatte um die Arbeitszeiten, und wir fragten uns, warum man diese beiden Elemente nicht einfach verbinden sollte? Wie wäre es, wenn man nicht nur seine Ernährung, *sondern auch die Arbeit und das Leben insgesamt nach Intervallen ausrichtete?* Kennen Sie das Gefühl, wenn die Erde bebt und der Himmel sich auftut? *Die Intervall-Woche* war geboren.

Dass vier Monate danach eine weltweite Pandemie ausbrechen würde, die eine Weltwirtschaftskrise zur Folge haben sollte, ahnten wir zu diesem Zeitpunkt natürlich noch nicht. Die globale wirtschaftliche Veränderung, unsere verordnete Homeoffice-Arbeit und nicht zuletzt die Verlagerung der Kommunikation in die digitalen Wege zwingen uns nun, schneller darüber nachzudenken, was noch aus der alten Welt für die Zukunft taugt und was sich in der neuen Welt, in der Post-Corona-Welt, ändern und weiterentwickeln muss. *Die Intervall-Woche* ist eine Antwort auf diese Fragen.

In diesem Buch zeigen wir, dass die Art, wie wir heute arbeiten, eine Hinterlassenschaft der »alten« Industrialisierung ist. Diese Art zu arbeiten hat noch funktioniert, als wir mit dem Fließband Produkte hergestellt haben. Doch wir leben in einer neuen Zeit. Mit neuen Technologien. Mit neuen Anforderungen. Mit neuen Möglichkeiten. Weltweit wird nach Lösungen und Wegen gefahndet, die Produktivität zu steigern, die Leistungsfähigkeit der Menschen und das Wirtschaftswachstum zu erhöhen. Der Mensch als Ganzes rückt in den Vordergrund, weil die Zukunft nur mit gesunden und glücklichen Menschen möglich ist und weil nur Menschen die Komplexität unserer Welt bewältigen, Probleme lösen und planen und gestalten können. Der Mensch stellt das wichtigste Potenzial der Wirtschaft dar. Mit der *Intervall-Woche* wollen wir es schaffen, ihn wieder in den Fokus zu rücken.

Der Mensch im Mittelpunkt

Dieses Buch ist keine Gebrauchsanleitung. Aber es gibt Anleitungen, die man gebrauchen kann. Anleitungen, die Ihnen zeigen, wie Sie wieder Spaß an Ihrer Arbeit finden und über sich hinauswachsen können. Wie auch Sie zu den Gewinnern der Zukunft gehören. Dieses Buch ist auch ein Buch der Hoffnung, des ungebrochenen Optimismus, dass sich der gegenwärtige Zustand ändern und verbessern lässt. Und außerdem ist dieses Buch eine Reise: Sie haben es selbst in der Hand zu entscheiden, ob Sie zusteigen und welchen Waggon Sie nehmen wollen. Wir würden uns freuen, wenn Sie uns auf dieser Reise begleiten!

Lothar Seiwert und *Silvia Sperling,*
aus unseren Homeoffices in Corona-Deutschland,
im Sommer 2020
www.intervall-woche.de

An einem Montagnachmittag schließt Annalena Thelen die Haustür auf, wirft ihre Tasche auf den Boden und lässt sich tief in die Couch fallen. Was war das nur für ein Tag! Acht Stunden war sie jetzt im Büro, und sie fühlt sich, als hätte sie eine Doppelschicht hinter sich. Während sie sich langsam aus ihrer Jacke quält, schaut sie sich in der Wohnung um. Ein einziges, großes Chaos. Überall liegen verstreute Papiere und Aktenordner herum. Heute Morgen hatte sie nach einem bestimmten Dokument gesucht. Es war alles ziemlich knapp, und sie hatte sämtliche Unterlagen aus den Schubladen gerissen, um dieses blöde Paper zu finden. Annalena massiert sich die Schläfen. Dann hört sie, wie ihr Handy vibriert.

»Hallo?«

»Hey, hier ist Caro. Du, ich wollte nur fragen, ob du noch Lust hast, heute Abend in diese neue Bar zu gehen, die Christian und ich mal …«

»Sorry, meine Liebe. Nächstes Mal gern, aber heute schaffe ich es nicht mehr. Es war ein höllischer Tag.«

»Viel los?«

»Jede Menge …«, sagt Annalena und stockt kurz. Ja, war denn wirklich so viel los? Sie versucht, sich an den Tag zurückzuerinnern. Eigentlich war es doch ein Arbeitstag wie jeder andere auch. Aber warum war sie dann nur so müde und geschlaucht? Dabei war es doch gerade erst Montag!

Kennen Sie das auch? Dieses Gefühl, dass Ihre Arbeit wie ein großer Schatten über Ihrem Leben liegt? Dass Ihre Arbeit Sie krank und müde macht? Dass Sie überhaupt keine Energie mehr für andere Dinge haben? Dieses Gefühl, dass die Arbeit Ihnen zu viel geworden ist, dass ständig etwas passiert und Ihr Kopf einfach nicht mehr hinterherkommt? Keine Sorge, Sie sind nicht allein. Wie Ihnen geht es den meisten Menschen. Aber woran liegt das eigentlich? *Wir arbeiten zu viel!*, hört man schon die ersten Stimmen. Aber eigentlich ist das nicht richtig. Statistisch gesehen gehören Deutschland, Österreich und die Schweiz im globalen Vergleich eher zu den Ländern mit den geringsten Arbeitszeiten. Aber was ist es dann? Vielleicht arbeiten wir einfach nur falsch? Nicht wenige Arbeitnehmer haben sich in den letzten Monaten genau darüber Gedanken gemacht.

Während der globalen Corona-Pandemie und dem daraus resultierenden Lockdown zeigte sich plötzlich, dass eine andere Art von Arbeit möglich war. Homeoffice, Zoom-Konferenzen, digitale Projektrealisierungen.

Das Homeoffice ist auch nach der Krise attraktiv.

Einer aktuellen Umfrage des Meinungsforschungsinstituts *YouGov* im Auftrag von *Acer* zufolge würden 75 Prozent der befragten Deutschen auch nach der Pandemie gern weiterhin von zu Hause aus arbeiten.[1] Dabei hieß es doch lange, dass die Arbeit, wie wir sie machen, alternativlos sei?

Nehmen wir es vorweg: Das ist sie nicht. Und immer mehr Menschen spüren das. Es gibt eine neue Art zu arbeiten. Eine bessere Art zu arbeiten. Und davon handelt dieses Buch. Kommen wir auf die Frage zurück, warum wir uns oft so müde und erschöpft fühlen: Die Antwort ist ganz einfach. Und natürlich. Sie liegt tief

Warum nicht auch die Arbeit den eigenen Intervallen anpassen?

in unserer Biologie begründet. Wir arbeiten gegen uns selbst an. Der Wissenschaftszweig der *Chronobiologie* hat entdeckt, dass der Mensch eine innere Uhr besitzt. Diese innere Uhr gibt ihm einen bestimmten Rhythmus vor. Wer es schafft, im Einklang mit diesem Rhythmus zu leben, der setzt ungeheure

Energien frei. Wer aber entgegen seinem natürlichen Rhythmus lebt, der macht sich kaputt. Und wir? Wir haben unsere inneren Uhren völlig aus dem Takt gebracht. Kommt Ihnen das vielleicht bekannt vor? Gut möglich, denn wenn wir nicht von Rhythmen, sondern stattdessen von *Intervallen* sprechen, dann liegen wir voll im Zeitgeist. Intervalle sind ein Modethema. Wie gesagt schwören Millionen von Menschen mittlerweile auf das Erfolgsgeheimnis von neuen Methoden wie dem Intervall-Training, dem Intervall-Fasten oder dem Intervall-Schlaf. Warum also nicht auch die *Arbeit* den eigenen Intervallen anpassen?

Klingt illusorisch? Ist es aber nicht. Im Gegenteil! Es ist ganz einfach. Man muss nur das Grundprinzip verstehen. Und seine eigenen Intervalle kennen. In diesem Buch zeigen wir Ihnen die vier geläufigsten Intervalltypen: den Intensiven, den Traditionellen, den Flexiblen und den Engagierten. Wir zeigen Ihnen, wo die jeweiligen Stärken und Schwächen dieser Intervalltypen liegen, was sie so besonders macht und wie man es in vier Schritten schaffen kann, seine äußeren Intervalle wieder mit den Intervallen seiner inneren Uhr in Einklang zu bringen. Auch im Arbeitsleben. Wir nennen diese Methode die *BOSS-Methode*. Die BOSS-Methode orientiert sich an der natürlichen Biologie, an natürlichen Lebensprozessen und wird Ihnen auf diese Weise helfen, wieder der Boss über Ihr eigenes Leben zu werden. Jeder kann sie umsetzen. Egal, ob einfacher Arbeitnehmer, ob Teamleiter oder Konzernlenker: Sie ist universell einsetzbar.

Wer die BOSS-Methode anwendet und seinen Arbeitsalltag mit seinen bestehenden Intervallen synchronisiert, der wird ein besseres Leben führen. Der wird in der Lage sein, bei sehr viel weniger Arbeit sehr viel mehr zu leisten. Der wird sich selbstbestimmter fühlen. Gesünder. Fitter. Wacher. Und er wird einen Anfang machen. Einen ersten Schritt zu einer großen Änderung. Einen ersten Schritt Richtung Arbeitswelt der Zukunft. Er schafft sich eine Basis für die »Neue Arbeit«. New Work ist das Versprechen, dass wir uns nicht mehr zum Werkzeug der Arbeit machen, sondern die Arbeit als ein Werkzeug nutzen, um uns selbst zu verwirklichen. *New Work* ist die Entkoppelung von Arbeitsort, Arbeitszeit und Arbeitsdauer.

New Work bedeutet eine individuelle Verwirklichung in einem gemeinschaftlich orientierten Arbeitsumfeld, das auf eine neue Form des kommunikativen Miteinanders setzt. *New Work* ist keine Theorie. *New Work* ist eine Box voll mit Ideen. Wir sprechen hier nicht nur von Anpassungen in der Arbeitswelt. Wir sprechen von einer Revolution. Und diese

> New Work *ist die Entkopplung von Arbeitsort, -zeit und -dauer.*

Revolution hat bereits begonnen. Wir werden Ihnen in diesem Buch zeigen, wie es Unternehmen bereits erfolgreich schaffen, nach dieser neuen Philosophie zu leben. Und wie das unsere gesamte Arbeitswelt auf den Kopf stellen wird.

Es gibt bereits Bücher über *New Work,* es gibt bereits Bücher über die Chronobiologie und die Entdeckung der Intervalle. Aber dieses Buch fügt die unterschiedlichsten Ansätze zusammen und erklärt erstmalig, wie unsere *Biologie mit unserem Arbeitsleben und unserer Lebensarbeit zusammenhängt,* und bietet Ansätze, es verbessern zu können. Interdisziplinäres Denken ist für uns dabei zentral. Mit diesem Buch wollen wir Sie mit auf eine Reise nehmen. Auf eine Reise weg von den stürmischen Gewässern unserer gegenwärtigen Arbeitsweise, hin zu den Ufern der neuen Arbeit, der *New Work.*

Teil 1

DIE DIAGNOSE
ODER
UNSERE ARBEITSWELT
HEUTE

1. DIE ERKRANKTE GESELLSCHAFT

Beginnen wir dieses Buch mit einer Bestandsaufnahme. Und mit einer Feststellung: *Unsere Arbeit macht uns krank.* Das sind nicht nur Worte. Das sind wissenschaftlich belegte Fakten. Nie zuvor haben sich so viele Arbeitnehmerinnen und Arbeitnehmer in Deutschland krankgemeldet wie in den vergangenen Jahren. 18 ½ Tage, also beinah einen Monat lang, blieben Arbeitnehmer im Jahr 2018 durchschnittlich zu Hause, weil sie sich nicht gesund fühlten. Damit hat der Krankenstand einen neuen Höchstwert erreicht, wie aus dem aktuellen *Gesundheitsreport der Betriebs-krankenkassen*[1] und einer *Studie des Deutschen Gewerkschafts-bundes (DGB)*[2] hervorgeht.

Unsere Arbeit macht uns krank.

Die Entwicklung ist nicht neu. Seit Jahren steigen die Ausfälle in Deutschland. Besonders ein Faktor fällt auf: Immer häufiger leiden Arbeitnehmer an seelischen Problemen. Seit 2008 hat sich die Anzahl der Fehltage wegen psychischer Erkrankungen mehr als verdoppelt. Das Bundesministerium für Gesundheit schätzt die pro Jahr durch depressive Erkrankungen anfallenden Fehltage auf etwa elf Millionen. Man muss sich diese Zahl auf der Zunge zergehen lassen: *elf Millionen Fehltage.* Was steckt dahinter? Forscher bekräftigten, dass die *Arbeitsbedingungen,* denen wir täglich ausgesetzt sind, einen großen Einfluss auf das psychische Wohlbefinden der Beschäftigten haben. Allen voran die zunehmende Arbeitsverdichtung. Das bestätigt auch die *DGB-Studie,* in der es heißt, dass der Druck auf Angestellte weiter steigt. Jeder dritte Beschäftigte gab demnach an, dass er in den vergangenen zwölf Monaten »deutlich mehr Arbeit« bewältigen musste als noch im Vorjahr.

Dabei sind vor allem Menschen betroffen, die in sozialen Berufen arbeiten: Erzieher, Pflegekräfte oder Lehrer. Auch Beschäftigte im Sicherheitsbereich fallen oft aufgrund psychischer Probleme aus. Mit 5,8 Krankheitstagen hatten Altenpfleger 2018 mit Abstand die meisten Fehltage wegen psychischer Störungen. Vor allem monotone Beschäftigungen oder Jobs ohne Entscheidungsfreiheit sind betroffen. Die *DGB-Studie* zeigt, dass die Stresshäufigkeit mit der Komplexität des Jobs weiter zunimmt. Doch die Fehltage sind nur die Spitze des sinnbildlichen Eisbergs. Tatsächlich gibt es viele Arbeitnehmer, die sich aus falschem Pflichtbewusstsein krank zur Arbeit schleppen. Durch ein solches Verhalten – und die Inkaufnahme der Ansteckung weiterer Kollegen – entstehen sogar höhere Kosten, als wenn sie sich einfach krankschreiben lassen würden. Nach einer Studie der *Bundesanstalt für Arbeitsschutz und Arbeitsmedizin* und des *Bundesinstituts für Berufsbildung* ist jeder zweite Erwerbstätige schon einmal krank zur Arbeit gegangen.[3]

2. DIE ÜBERMÜDETE GESELLSCHAFT

Aber es sind nicht nur kranke, sondern auch *müde Arbeitnehmerinnen und Arbeitnehmer,* die die deutsche Wirtschaft jedes Jahr knapp 57 Milliarden Euro kosten. Die Studie »Why Sleep Matters« der Forschungsorganisation *RAND Europe* zeigt: Wer ständig zu wenig schläft, leistet sich mehr Fehltage und arbeitet weniger produktiv als ausgeschlafene Kollegen.[4]

Sleep matters!

Der Studie zufolge verlieren Unternehmen in Deutschland jedes Jahr 200 000 Arbeitstage wegen des *Schlafmangels* ihrer Mitarbeiter. Für Menschen, die regelmäßig weniger als sechs Stunden schlafen, erhöht sich sogar das Sterblichkeitsrisiko um 13 Prozent. Am längsten schlafen im internationalen Vergleich übrigens die Kanadier. Doch selbst dort gehen jährlich 80 000 Arbeitstage durch *Schlafmangel* verloren. Besonders unausgeruht sind Kanadas Nachbarn: In den USA verlieren Unternehmen jährlich etwa 411 Milliarden Dollar durch Schlafmangel.

Stress ist in der gesamten Arbeitswelt eine Herausforderung. Doch was bedeutet eigentlich Stress? Doch nur, dass wir das Gefühl haben, mit den uns zur Verfügung stehenden Ressourcen das vor uns liegende Pensum nicht bewältigen zu können. Ist also unser Arbeitspensum zu hoch? Im internationalen Vergleich arbeiten die Deutschen tatsächlich recht wenig. Um genau zu sein: durchschnittlich 34,34 Stunden in der Woche. In der Schweiz (34,39 Stunden) und in Österreich (35,57 Stunden) arbeiten die Menschen nur minimal länger. Das liegt alles noch unter dem europäischen Durchschnitt (36,32 Stunden). Spitzenreiter bei der Wochenarbeitszeit ist hingegen Kolumbien. Ganze 47,73 Stunden arbeiten dort die Menschen durchschnittlich. Gefolgt von der Türkei (46,98 Stunden) und Mexiko (45,13 Stunden). Die kürzeste Wochenarbeitszeit gibt es in den Niederlanden (29,30 Stunden) und in Dänemark (32,25 Stunden). Und dennoch sind unsere Ressourcen ausgeschöpft und verbraucht.

3. DIE VIER-TAGE-WOCHE-DEBATTE

Die hohe Arbeitsbelastung beschäftigt die Menschen schon lange, und eine mögliche Lösung sehen Forscher darin, die bestehenden Arbeitszeitregelungen aufzubrechen. Ein Modell, das seit geraumer Zeit wieder und wieder debattiert wird, ist die *Vier-Tage-Woche*. In einigen Unternehmen ist das bereits Realität. Wer etwa an einem Freitag in der Berliner Software-Firma *Planio* (www.planio.de) anruft, erwischt nur den Anrufbeantworter: »Freitags arbeiten wir nicht, da das ganze Team bei Planio nur eine Vier-Tage-Woche hat.« Wer dann auf die Taste 4 drückt, kann Näheres zu dem Modell erfahren. Vertreter der Vier-Tage-Woche glauben, dass man mit weniger Arbeit die Produktivität deutlich steigern kann. Das bestätigen zahlreiche Studien. Denn durch die verringerte Arbeitszeit stellt sich gleichermaßen ein konzentrierterer Fokus ein, der Kreativität und Motivation steigert.

Die Produktivität mit weniger Arbeit deutlich steigern

Das *Konzept der Vier-Tage-Woche* ist beliebt. Das Softwareunternehmen *Citrix* führte eine Umfrage in Deutschland durch.[5] Demnach würden 66 Prozent der Deutschen die Vier-Tage-Woche bei gleichbleibender Bezahlung gern in Anspruch nehmen. 15 Prozent sogar dann, wenn es weniger Geld gäbe. Allerdings halten 87 Prozent der Befragten die baldige Einführung der verkürzten Wochenarbeitszeit für unwahrscheinlich. Das liegt an den vielen kritischen Stimmen, die die Debatte prägen. »Dass man in vier Tagen genauso viel erledigen kann wie in fünf, halte ich für einen Mythos. Die Menschen verplempern ihre Zeit bei der Arbeit ja nicht einfach. Im Gegenteil: Wir haben schon jetzt in den meisten Betrieben eine sehr enge Taktung, die einzelnen Arbeitsschritte

CiTRiX
CiTRiX-Studie
4-Tage-Woche

66%
der deutschen Arbeit-
nehmer würden 4 Tage
arbeiten, wenn sie
gleiches Geld bekommen.

15%
auch, wenn sie
weniger Geld
bekommen.

Die 4-Tage-
Woche ist
beliebt, ...

87% der Deutschen halten
die Einführung einer
4-Tage-Woche bei
gleicher Bezahlung für
unwahrscheinlich.

... aber
unwahr-
scheinlich.

16% denken, dass ihr Arbeitgeber
bereit für diesen Schritt wäre.

Was spricht dagegen

- **59%** »Umfassender Kulturwandel wäre nötig«
- **49%** »Verbleibende Tage umso stressiger«
- **42%** »Schadet der Volkswirtschaft«
- **41%** »Bin aktuell näher an der 6-Tage-Woche«

Ein erster Schritt auf dem Weg zur 4-Tage-Woche:
Wenigstens Überstunden vermeiden?

17%
Realistische
Zielvorgaben
und
Arbeitslast

24%
Bessere
Prozesse

17%
Bessere IT
für mehr
Effizienz

42%
Mehr Personal

Die Ergebnisse der *Citrix*-Umfrage zur Vier-Tage-Woche unter 3750 internationalen Arbeitnehmern, darunter 500 aus Deutschland (in Zusammenarbeit mit *OnePoll*, September 2019)[8]

sind optimal abgestimmt«, schreibt etwa Hilmar Schneider, Ökonom und Leiter des Forschungsinstituts zur Zukunft der Arbeit IZA in Bonn. »Unternehmen suchen ständig nach Möglichkeiten, um effizienter zu werden. Wer weniger arbeitet, wird also weniger Umsatz machen, weniger Kunden erreichen, langsamer wachsen. Oder: Wenn in einer Firma alle nur vier Tage arbeiten, braucht man mehr Mitarbeiter, um auf die gleiche Leistung zu kommen.«[6]

Der Arbeitspsychologe Tim Hagemann hat sich ebenfalls intensiv mit dem Konzept der Vier-Tage-Woche befasst. Neben einigen Vorteilen sieht auch er kritische Punkte. Zum Beispiel die *Arbeitsverdichtung*. Der Mitarbeiter müsse demnach dieselbe Arbeit in vier Tagen schaffen, die er in fünf Tagen geleistet hat. Hagemann berichtete von einem Versuch im Bankensektor. Dort habe man vor Jahren die Stempeluhren abgeschafft. Mitarbeiter hätten also auch früher nach Hause gehen können, wenn sie ihre Aufgaben erfüllt hätten. Aber das funktionierte nicht. Wer früher fertig war, habe von seinem Chef nämlich einfach neue Aufgaben bekommen – musste am Ende also mehr arbeiten.[7]

4. WORK VERSUS LIFE?

Vielleicht liegt das Problem aber auch ganz woanders. Vielleicht liegt das Problem ja darin, dass wir einfach nicht mehr in der Lage sind, unsere leeren Akkus wieder ordentlich aufzuladen? Sie kennen die Diskussion um die berühmt-berüchtigte *Work-Life-Balance.* Dieses Konzept ist eine direkte Antwort auf die eben genannten Probleme. Verfechter der Work-Life-Balance sagen, dass es ein ausgewogenes Verhältnis zwischen Arbeits- und Privatleben geben muss. Wer beide Welten zu stark miteinander vermischt, der schafft es einfach nicht auszuspannen. Der schafft es nicht, seine Akkus wieder aufzuladen. Der Gedanke dahinter ist sicherlich einleuchtend. Doch das Konzept ist veraltet. Allein die Tatsache, dass man die Begriffe gegenüberstellt, sagt schon aus, wie sehr sich »der Mensch in der Wahrnehmung seines Daseins von dem, was er als seine Arbeit definiert, entfernt«, so Benedikt Hackl im Buch *New Work.*[9] Er hat recht. Denn seien wir mal ehrlich: Können wir unser Arbeits-Ich denn wirklich so einfach von unserem Privat-Ich trennen? Sind wir wirklich von dem Moment an, in dem wir das Büro betreten, Arbeitsmensch und von dem Moment an, in dem wir das Büro verlassen, wieder Privatperson?

Die *Work-Life-Balance* geht davon aus, dass es zwei Welten gibt, die man nicht miteinander vermengen sollte. Die zwei Gegenpole bilden, die auf einer Waage ins Gleichgewicht gebracht werden müssen. Aber die Realität ist komplexer. Und so verwundert es nicht, dass sich mittlerweile entsprechende Gegenbewegungen gebildet haben. Am anderen Ende der Skala befürworten

> *Work-Life-Blending ist die neue Work-Life-Balance.*

Vertreter ein sogenanntes *Work-Life-Blending,* also die komplette Vermengung von Privat- und Arbeitsleben. Das bedeutet, dass der Arbeitnehmer innerhalb gewisser Absprachen selbstständig den Rhythmus seines Arbeitens wählt. Er würde morgens später anfangen, weil er zunächst noch seinen Wocheneinkauf erledigt, die Bahnreise in den Urlaub nutzen, um einen Projektbericht fertigzustellen, und nachts um 23.00 Uhr würde er noch kurz ein Telefonat mit den Geschäftspartnern in New York absolvieren, um die Ergebnisse eines dortigen Meetings zeitnah zu besprechen. Oder aber ganz gegenteilig: pünktlich um 7.00 Uhr im Büro aufschlagen und dort früh alles abarbeiten, weil man das Gefühl hat, wieder mehr Struktur in den Tag bringen zu müssen. In Silicon Valley ist der Mix von Work und Life gewünscht und positiv besetzt. Bezeichnenderweise ist der Begriff des *Work-Life-Blending* in Deutschland hingegen sehr negativ besetzt, weil man die Grenzen von Arbeit und Privatleben voneinander nicht trennt und die Bereiche miteinander, ja durcheinander vermischt. Mit gesundheitlichen Folgen. Man kann nicht von der Arbeit loslassen, E-Mails schreiben bis in die Nacht oder »dringende Telefonate« mit den Angestellten am Wochenende führen. Und wenn man sich dann endlich den Urlaub gönnt, checkt man beim Frühstück in der Finca oder am schönsten Beach der Welt seine E-Mails. Der Business-Berater und Visionär Simon Sinek beschrieb das in einem YouTube-Video sinngemäß einmal so: Das, was Menschen in Wirklichkeit täten, sei kein Urlaub. Das sei Telekommunikation vom Strand.

Zwischen diesen beiden Extremen haben sich aber Konzepte gefunden, die sehr viel näher an der Lebensrealität der meisten Menschen liegen. Sie werden unter den Begriffen *Work-Life-Integration, Work-Life-Leisure* oder auch *Work-Life-Flow* zusammengefasst. Im Grunde wird das Offensichtlichste ausgesprochen: Die Kategorien »Arbeit« und »Leben« sind keine Gegensätze. Die Politikwissenschaftlerin Isabelle

Silicon Valley: Mix von Work und Life erwünscht.

Kürschner bringt es in ihrem Buch *New Work* auf den Punkt: »Wir leben, während wir arbeiten, und wir arbeiten, während wir leben.«[10] Der Gedanke dahinter ist immer derselbe: Wir sind niemals nur ganz Privat- oder ganz Arbeitsmensch. *Unsere Rollen wechseln sich regelmäßig ab, sind in einem konstanten Flow.* Während Sie am Arbeitsplatz sitzen, werden Sie zwischendurch sicherlich auch einmal Ihre privaten Mails checken und bei WhatsApp Ihren Freunden oder Familienangehörigen antworten,

Die Kategorien »Arbeit« und »Leben« sind keine Gegensätze.

wenn diese Ihnen schreiben, oder nicht? Gleichzeitig werden Sie sicherlich auch im privaten Gespräch mit Freunden an einem Samstagabend eine zündende Idee für ein Projekt haben können. Die Arbeits- und privaten Lebensrhythmen vermengen sich. Was gar kein großes Problem ist, denn das ist ganz natürlich. Und hier kommt erstmals unsere Biologie ins Spiel.

5. DIE STUNDE
DER INTERVALLE

Der Begriff »Rhythmus« gibt schon einmal die Richtung vor. Aber gehen wir doch mit der Zeit und sprechen lieber von Intervallen. Intervalle stehen ja gerade hoch im Kurs. Man kommt kaum an ihnen vorbei. Egal, in welchem Bereich Sie Ihr Leben optimieren möchten, immer wieder werden Sie auf *Intervall-Methoden* stoßen. Sie wollen das effizienteste Sport-Work-out der Welt? Machen Sie Intervall-Training! Sie wollen in kürzester Zeit Ihr Wunschgewicht erreichen? Machen Sie Intervall-Fasten! Sie wollen Höchstleistungen wie der Fußball-Profi Cristiano Ronaldo erreichen? Folgen Sie seiner Methode des Intervall-Schlafens! Was genau hat es aber mit all diesen Intervall-Methoden auf sich?

Nun, sie alle eint, dass ihre Erfinder erkannt haben, dass unser ganzes Leben nach bestimmten *Rhythmen* getaktet wird: Es gibt Schlaf- und Wachrhythmen, es gibt aktive und passive Rhythmen, es gibt kreative und unkreative Phasen. Wenn man sich diese *Intervalle* nun also zunutze macht und gewissermaßen mit der natürlichen Biologie des Körpers arbeitet, dann kann man durch eine Art Hebelwirkung die besten nur vorstellbaren Ergebnisse erzielen. So hat eine Studie zur chronobiologischen Arbeitsgestaltung von Forschern am *Fraunhofer-Institut* ergeben: *Wer sein Leben an seinen natürlichen Intervallen ausrichtet, der hat vier entscheidende Vorteile: mehr Gesundheit, mehr Wohlbefinden, mehr Wohlstand und eine längere Lebenserwartung.*[11] Eine längere Lebenserwartung? Tatsächlich! Das

Vier Vorteile durch die Ausrichtung an natürlichen Intervallen:
· *Mehr Gesundheit.*
· *Mehr Wohlbefinden.*
· *Mehr Wohlstand.*
· *Eine längere Lebenserwartung.*

hat man auch an Mäusen getestet. In einem Versuch hat man einigen von ihnen einen Vorrat an Futter zur Verfügung gestellt, an dem sie sich jederzeit bedienen konnten, andere wiederum wurden nur in bestimmten Intervallen gefüttert. Letztere hatten eine deutlich längere Lebenszeit.

Aber gehen wir doch noch einmal zurück zu unserer Ausgangsfrage: Wir wollten doch wissen, warum wir eigentlich so müde sind. Vielleicht liegt es gar nicht daran, dass wir zu viel arbeiten. Sondern daran, dass wir einfach nur falsch arbeiten. Dass wir nicht in der Taktung mit unserer natürlichen Biologie arbeiten. Was wäre also nun, wenn wir uns mit dem Wissen über unsere Intervalle, mit dem Wissen über unser kränkelndes Arbeitswesen ein ganz neues Arbeitssystem ausdenken könnten? Eine Art *New Work,* die ganz nach unseren Bedürfnissen ausgerichtet wäre? Davon soll dieses Buch handeln! Das grundlegende Konzept der neuen Arbeit haben allerdings nicht wir erfunden. Die neue Arbeit gibt es schon ein wenig länger. Und es war ein Deutschstämmiger in Amerika, der sie erdacht hat. Was hat es damit auf sich? Werfen wir einen kurzen Blick über den Großen Teich.

6. DAS NEW-WORK-KONZEPT

Flint, Michigan, ist mehr als nur eine Stadt. Flint ist ein Synonym. Ein Synonym für das Scheitern. Schon die bloßen Zahlen sprechen für sich. Sie offenbaren, wie es dem 97 000-Seelen-Ort an der Nordostküste der USA wirklich geht. 26 Prozent der Einwohner leben unter der Armutsgrenze. 38 Prozent dieser Menschen sind noch keine achtzehn Jahre alt. Beinah die Hälfte der Immobilien in der Stadt sind verwaist. 2010 bis 2012 war Flint die Stadt mit der höchsten Kriminalitätsrate in den gesamten USA. In Flint regieren Armut und Kriminalität. Seit Jahren ist Flint nur noch ein Schatten seiner selbst und wird in den Medien immer wieder als warnendes Beispiel einer verfehlten industriellen Monokultur gezeigt. Aber das war nicht immer so. Bis in die 1980er-Jahre war Flint ein Synonym für Wohlstand. Die Industrie boomte. Flint war, genau wie das nahe gelegene Detroit, eine Autostadt. *General Motors* hatte hier den Großteil seiner Produktionsstätten aufgebaut. Bis *General Motors* in den 1980ern das erste Mal selbst in Strauchen geriet, der Stadt den Rücken kehrte und Zehntausende Arbeitslose wie auch eine nachhaltig zerstörte Umwelt zurückließ.

Flint ist aber auch die Geburtsstätte von einem Konzept, das die Welt verändert hat. Denn ausgerechnet in Flint entstand die Idee zur *New Work*. Kein Wunder. Denn das Konzept der *New Work* ist ein Konzept der Krise. Es wurde in den frühen 1980er-Jahren erdacht, in einer Zeit der Rezession. In einer Zeit, in der die ersten Computer in den Firmen auftauchten und die Menschen zunehmend verunsicherten. Die Frage, die man sich bereits zu Zeiten der Industrialisierung stellte, tauchte wieder auf: Würden die Maschinen den Menschen die Ar-

Die Geburtsstunde der New Work, erdacht in einer Zeit der Rezession

beitsplätze wegnehmen? Wie würden die Computer unsere Arbeitswelt beeinflussen? Flint war davon besonders betroffen. Noch bevor der erste Arbeiter entlassen wurde, machten schon Gerüchte über einen radikalen Stellenabbau bei *General Motors* die Runde. Die Belegschaft war extrem verunsichert. Regelrechte Horrorszenarien wurden debattiert. Genau zu dieser Zeit war der deutsch-österreichisch-amerikanische Sozialphilosoph Professor Dr. Frithjof Bergmann in der Stadt und nahm die Debatte gespannt wahr.

Bergmann beschäftigte sich allgemein mit der Frage nach der Freiheit der Menschen und ganz konkret mit ihren Arbeitsbedingungen. Bergmann war überzeugt: Nichts macht den Menschen unfreier als die Arbeit. Als die Gerüchte über die Massenentlassungen zu immer größerer Verunsicherung führten, schloss sich Bergmann gemeinsam mit ein paar Freunden ein und machte sich Gedanken zu der aktuellen Situation. Unter ihnen: Gewerkschafter, Philosophen und sogar ein Priester. Am Ende brachten sie ein paar Gedanken zu Papier, die unerwartet hohe Wellen schlugen. Wellen, die bis heute noch an die Küsten unserer Arbeitswelt branden. Sie erfanden das Konzept zur *New Work.*

Zunächst nahm Bergmann eine einfache Analyse vor. Er stellte fest: Würde es zu Massenentlassungen kommen, dann hätte das zwei Effekte. Die eine Hälfte der Arbeiter würde ihren Job verlieren. Die andere Hälfte müsste wahrscheinlich doppelt so hart und so viel arbeiten, um die Verluste wieder einzufahren. Seine Lösung: die Berechnungsgrundlage zu ändern. Es gäbe noch immer die Möglichkeit, alle Arbeitsplätze zu erhalten. Dann müssten die Mitarbeiter aber nur noch sechs statt zwölf Monate ans Fließband kommen. Und was passiert in der restlichen Zeit? Bergmann machte ein Angebot. In den frei liegenden sechs Monaten sollten die Arbeiter dann in das

New Work bedeutet, eine sinnstiftende Arbeit für jeden Menschen zu finden.

von Bergmann und Freunden gegründete Center für »Neue Arbeit« kommen und dort herausfinden, welche Arbeit sie in der restlichen Zeit machen wollen. Wo ihre verborgenen Talente liegen. Was sie glücklich machen würde. Um es anders auszudrücken: Bergmann wollte mit ihnen sein New-Work-Konzept testen. New Work bedeutet sehr einfach gesagt: *eine sinnstiftende Arbeit für jeden Menschen zu finden.*

In der alten Definition von Arbeit ging es primär darum, eine Aufgabe zu erledigen. Einen Zweck zu erfüllen. Ein Produkt muss hergestellt werden. Eine Dienstleistung muss erbracht werden. Und wir, die Menschen, waren das Werkzeug, um diese Aufgabe zu erledigen. Wir ordneten uns der Arbeit unter. In der neuen Definition von Arbeit, die Bergmann nun vornahm, geht es um das genaue Gegenteil. Er nennt es die *Umkehrung:* Wir dienen nicht mehr der Arbeit, die Arbeit dient uns. Wir sind kein Werkzeug der Arbeit mehr, um etwas herzustellen. Die Arbeit ist ein Werkzeug für uns, um unsere Entwicklung zu unterstützen, uns zu glücklichen und ausgeglichenen Menschen zu machen. Die Arbeit ist ein Mittel, um unsere Vision im Leben zu finden und sie umzusetzen. Und diese Vision, die bei jedem Menschen eine andere ist, wollte Bergmann in den Beratungen mit den Leuten vor Ort herausarbeiten. New Work war also der Gedanke, die Arbeit so zu gestalten, dass sie für den Menschen sinnstiftend wurde. Ein unerhörter Gedanke! Aber ein Gedanke, der die Menschen zu faszinieren scheint.

Medien berichteten über das Konzept der *Neuen Arbeit,* andere Wissenschaftler positionierten sich zu Bergmanns Thesen. Viele halten Abstand. Neumodischer Quatsch sei das doch. In der Arbeitswelt gehe es um Effizienz und Ergebnisse, nicht um Esoterik und Selbstverwirklichung. Aber genau das wisse er ja, entgegnete Bergmann, als er sein Konzept verteidigte. Er

> *Wir dienen nicht mehr der Arbeit, die Arbeit dient uns.*

erklärte, dass die Unternehmen doch die Ersten wären, die davon profitieren würden, wenn sie Mitarbeiter hätten, die einen Sinn in ihrer Arbeit sehen. Die morgens gern kommen. Die sich einbringen. Die mit höchster Motivation arbeiten, weil sie sich gesehen fühlen, weil sie das Gefühl haben, dass sie sich selbst durch ihre Arbeit voranbringen. Bergmann spricht von der *Polarität der Arbeit.* Arbeit kann uns krank und müde machen. Arbeit kann uns im schlimmsten Fall auch verunstalten und sogar umbringen. Aber, so formuliert er, es gibt auch eine außerordentliche Art von Arbeit, die uns mehr Energie schenkt, als wir zuvor besaßen. Diese Energie der Mitarbeiter freizulegen und zu nutzen ist eine enorme Chance für jedes Unternehmen.

Einer der Vorwürfe war, dass uns New Work nur einen neuen Menschen beschert. Einen Menschen, der den ganzen Tag im Garten liegt, Romane schreibt und Gemälde auf die Leinwand bringt. Aber das stimmt nicht. Denn für die meisten Menschen ist Kunst gar kein präferiertes Mittel zur Selbstverwirklichung. Die meisten möchten vielmehr etwas tun, was anderen hilft und was sie selbst in einem kleinen Rahmen sichtbar macht. Und das kann auch nur sein, sich in seiner eigenen Firma so einzubringen, dass sie dort gesehen werden. Dass sie der Firma oder einem Projekt der Firma einen Stempel aufdrücken. Man muss den Angestellten nur so motivieren, dass er einen *Sinn* in seiner Tätigkeit sieht. Warum macht er diese Arbeit? Um Geld zu verdienen, sicher. Aber was sind seine eigentlichen Interessen? Warum gibt man ihm nicht zehn Prozent seiner Wochenarbeitszeit die Möglichkeit, darüber nachzudenken und gemeinsam mit ihm zu ergründen, wie er diese Interessen ebenfalls sinnvoll für das Unternehmen einsetzen kann? Vielleicht steckt in der Supermarktkassiererin ja ein visionärer Kopf, der sehr kluge Gedanken zur idealen Reorganisierung des Marktes hat? Vielleicht weiß sie, die jeden Tag im Kundenkontakt steht, mehr über die Wünsche und Bedürfnisse der Menschen, die hier einkaufen? Entscheidend ist, dass das, was man tut, einen Zweck und einen Sinn hat und man ein Ziel damit verfolgt. Diese Umstände bestimmen den Kern, das eigentliche Wesen, die Bedeutung, die eine Arbeit hat.

Ein Unternehmen soll sich nicht komplett umbauen, es reicht schon, an einigen Stellschrauben zu drehen, um New-Work-Konzepte zu implementieren. Es geht um die Haltung, die Kultur und die Führung einer Firma. Es geht etwa darum, dass Unternehmenslenker ihre Mitarbeiter auf Augenhöhe sehen und wertschätzen. Um einen Vorgesetzten, der auf Coachings statt auf harte Ansagen baut. Es geht um eine Firmenkultur, die darauf vertraut, dass die Mitarbeiter bewusst gute und sinnvolle Entscheidungen treffen, statt sie zu micromanagen. Es geht um eine Firmenkultur, die nicht nur darauf aus ist, neue Talente zu gewinnen, sondern auch darauf setzt, die verborgenen Talente ihrer eigenen Mitarbeiter ausfindig zu machen und zu fördern.

New Work ist kein maßgeschneidertes »One size fits all«-Konzept, sondern wie gesagt vielmehr eine Box voller Ideen, derer man sich bedienen kann. Das gilt sowohl für Einzelpersonen als auch für die Lenker von Organisationen. Einige passen gut, andere wiederum nicht. Jeder Angestellte und jeder Entscheider hat die Möglichkeit, sich seine eigene *New-Work*-Realität zusammenzubasteln. Im Kleinen wie im Großen. Zugegeben: Das klingt für Sie vielleicht erst einmal sehr exotisch. Lassen Sie uns anhand eines Beispiels zeigen, dass es für *New Work* schon viel früher die ersten Vorreiter und Enthusiasten gab, die sich auf Mitarbeiterbindung und sinnstiftende Arbeit verstanden. Bereits im Jahr 1988 führte ein kleines Unternehmen, in der Bärenstadt Giengen, einem kleinen Örtchen in Baden-Württemberg, ansässig, das Konzept konsequent ein. Mit erstaunlichem Erfolg.

Es reicht schon, an einigen Stellschrauben zu drehen, um New-Work-Konzepte zu implementieren.

7. DIE VORREITER:
TEMPUS' BLAUE ROSEN

Die *blaue Rose* ist ein asiatischer Mythos. Und die Geschichte geht so: Vor einer langen, unbestimmten Zeit, da gab es einen chinesischen Kaiser, der seine wunderschöne Tochter unbedingt verheiraten wollte. Aber die Tochter wollte nicht irgendwen heiraten. Sie wollte auf ihre große Liebe warten. Also stellte sie ihrem Vater eine Bedingung: Nur der Mann, der ihr eine blaue Rose bringe, dürfe sie zur Frau nehmen. Natürlich gab es in der Natur keine blauen Rosen, und die Männer kamen scharenweise zum Hof und versuchten, die Regelung auf ihre ganz eigene Art zu interpretieren. Einige brachten blaue Diamanten, die in Form einer Rose geschliffen waren, andere wiederum Gemälde von blauen Rosen oder Rosen, die sie blau angemalt hatten. Aber die Tochter lehnte sie alle ab. Keine blaue Rose, keine Hochzeit. Doch irgendwann lernte sie einen jungen Poeten kennen, in den sie sich unsterblich verliebte. Jetzt hatte sie sie gefunden, die große Liebe! Aber die Regelung, die sie sich zu ihrem eigenen Schutz aufgestellt hatte, drohte ihr nun auf die Füße zu fallen. Denn auch der Poet müsste ihr natürlich eine blaue Rose bringen, wenn die beiden heiraten wollten. Das frisch verliebte Pärchen war verzweifelt. Doch irgendwann, da hatte der Poet eine Idee. Er brachte seiner Angebeteten eine weiße Rose. »Sieh nur, Vater«, sagte sie, »dieser Mann hat mir nun endlich meine blaue Rose gebracht.«

Die blaue Rose wurde in Asien zu einem Symbol der erfüllten Liebe.

»Aber sie ist doch weiß!«, sagte der Vater.

»Nein, nein, sie ist blau, erkennst du es denn nicht?«

»Für mich ist die Rose weiß.«

Aber seine Tochter und der Poet bestanden darauf, dass die Rose nicht weiß, sondern blau war. Und irgendwann gab der Vater auf und willigte ein. »Also gut«, sagte er, »dann habt ihr beide meinen Segen.«

Dieser Ursprungsmythos sorgte dafür, dass die blaue Rose in Asien zu einem Symbol der erfüllten Liebe wurde. Heute würde diese Geschichte nicht mehr so funktionieren, denn mittlerweile kann man Pflanzen genetisch so verändern, dass sich tatsächlich blaue Rosen züchten lassen. In der heutigen Zeit hätte die Prinzessin also wohl eher mit einem Genforscher als mit ihrem Dichter vorliebnehmen müssen. Dennoch bleibt das Symbol fest in der asiatischen Kultur verankert. Die blaue Rose gilt als Zeichen der erfüllten Liebe und wird besonders gern dem Brautpaar auf Hochzeiten geschenkt.

Klickt man auf die Homepage der *tempus GmbH* (www.tempus.de), dann findet man dort ein großes Bild von sämtlichen Mitarbeitern, die alle eine blaue Rose am Revers tragen. Und tatsächlich ist auch die Geschichte zwischen *tempus* und ihren Mitarbeitern die Geschichte einer erfüllten Liebe. Allerdings einer Liebe, die einen langen Vorlauf brauchte. Die Firma *tempus* ist wie gesagt in der Bärenstadt Giengen ansässig, etwa eine Stunde von Stuttgart entfernt.

Dort kann man als Privatperson Kurse für ein besseres Zeitmanagement belegen oder sich als Firma zu diesem Thema beraten lassen. In den späten 1980ern veröffentlichte die Akademie ein Mitarbeitermotivationskonzept: das *Konzept der 33 Rosen*. Dieses Konzept ist bemerkenswert, weil man sehr ehrlich zu sich selbst ist und hart mit der eigenen, bisherigen Unternehmenskultur ins Gericht geht. »Unsere Unternehmensgruppe hatte früher keinen sehr guten Ruf«, beginnt das Schreiben. »Wir galten als gnadenlos, forderten schnelles Arbeiten und wenig Krankheit. Gleichzeitig hatten wir eine sehr gute Kundenorientierung. Wir waren bemüht, unseren Kunden jeden Wunsch von den Augen abzulesen. Irgendwann kam die Erkenntnis: Wir pflegen unsere Kunden und unsere Maschinen besser als unsere Mitarbeiter.«[12]

Aus der harten Selbsterkenntnis folgte der Wille zur Besserung. Vielleicht kam diese Erkenntnis auch aus den Folgen, die der schlechte Umgang mit den Mitarbeitern hatte. Es gab im Unternehmen eine überdurchschnittlich hohe Fluktuation. »Uns allen wurde klar: Wir brauchen eine neue Fitness, einen neuen partnerschaftlichen Umgang im Unternehmen. Es braucht den motivierten und selbstständig handelnden Mitarbeiter. Es braucht nicht mehr nur den Mitarbeiter, es braucht den Mit-Unternehmer«, heißt es in dem Konzept. Der *New-Work*-Gedanke in Giengen hatte Einzug gehalten.

Gebraucht wird der motivierte und selbstständig handelnde Mitarbeiter.

Der Weg *vom Mitarbeiter zum Mit-Unternehmer* führt bei der Firma *tempus* über *sieben Treppenstufen*. Jede Treppenstufe wird von diversen Einzelmaßnahmen begleitet, den sogenannten »Rosen«. 33 sind es an der Zahl. Die ersten Treppenstufen, die man als Mitarbeiter besteigt, sind noch immaterieller Natur. Später aber, auf der letzten Stufe, die erreicht werden kann, geht es um Geld. »Geld ist dann die logische

Konsequenz dessen, was im Vorfeld – sozusagen auf der geistigen Ebene – erfolgt ist«, schreibt das Unternehmen:

- **Stufe 1:** Die erste Treppenstufe ist mit dem Begriff »*Mitwissen*« gekennzeichnet. Dahinter steht der Gedanke, dass die Mitarbeiter über alles informiert werden müssen, was ihre Arbeit angeht. Der Autor Ken Blanchard, der mit anderen das Buch *Der Minuten-Manager*[13] geschrieben hat, verglich eine Firma mal mit einer Kegelbahn: Der Mitarbeiter bekommt eine Kugel in die Hand gedrückt und soll möglichst alle Kegel abräumen. Einziges Hindernis: Zwischen ihm und den neun Kegeln ist ein Vorhang. Die Kugel rollt also unter dem Vorhang durch. Der Mitarbeiter hört zwar die Kegel fallen, aber das eigentliche Ergebnis bleibt ihm verborgen. Rückmeldungen bekommt er in der Regel erst am nächsten Tag, wenn der Vorgesetzte ihn kritisiert, warum er nicht dies oder jenes beachtet oder warum er nicht ein noch besseres Ergebnis erzielt habe. Unter dem Thema »Mitwissen« bezeichnet das Unternehmen die Praxis, den Vorhang zu öffnen: Alle Ergebnisse sollen kommuniziert werden. In Einzelmaßnahmen, in den Rosen, bedeutet das konkret: Alle zwei Monate erscheint eine Mitarbeiterzeitung mit relevanten Informationen, es werden Broschüren verteilt, alle neuen Mitarbeiter werden zum Kennenlernen vom Chef nach Hause eingeladen, es gibt tagesaktuelle Informationen über Umsätze und Gewinne, die an einem Board aufgehängt werden.
- **Stufe 2:** Die logische Folge dieser konsequenten Informationspolitik ist, dass Mitarbeiter »*mitdenken*«. Dass man sich also Gedanken über sein Unternehmen macht: Warum geht es uns gerade besonders gut oder besonders schlecht? Sind wir eigentlich produktiv genug? *tempus* fördert diese Mitdenk-Kultur, indem man seine Angestellten um Input bittet. Ideal wäre es, wenn pro Mitarbeiter dreizehn Vor-

schläge im Jahr kämen. Die Mitarbeiter dürfen auch ihre Chefs bewerten. Bewertungen von unten nach oben. Von oben hingegen ist man bedacht darauf, nicht bloß auf Fehler, sondern auch auf Dinge hinzuweisen, die gut gelaufen sind. *tempus* spricht von dem 1-Minuten-Lob, das man eingeführt hat. Wer mitdenkt, dem muss auch Eigenverantwortung zugestanden werden. Entsprechend setzt man auch bei *tempus* auf flexible Arbeitszeiten. Jeder Mitarbeiter kann selbst seine Arbeitszeit bestimmen. Zwischen mindestens vier und maximal zehn Stunden täglich ist alles möglich. Die Absprache erfolgt im Team.

- **Stufe 3:** Je mehr die Angestellten mitdenken, desto mehr lernen sie auch mit. Was die dritte Stufe auf der Treppe darstellt: *»Mitlernen«*. Neue Spielregeln, etwa dass Fehler nicht mehr bestraft, sondern bewusst Situationen zum Loben gesucht werden, bringen positive Veränderungen mit sich. »Der Teamgedanke nimmt zunehmend Platz ein. Kurzum: Das Unternehmen wird zur permanent lernenden Organisation«, schreibt *tempus*. Um dieses Potenzial zu fördern, gibt es neben ständiger Weiterbildung auch die sogenannte Jobrotation. Den systematischen Arbeitsplatzwechsel. Das soll helfen, seine Fachkenntnisse zu entfalten und zu vertiefen.

- **Stufe 4:** Wenn diese Stufe erreicht ist, können die Mitarbeiter wesentliche Entscheidungen *»mitverantworten«*. »Damit hat der Mitarbeiter plötzlich eine völlig andere Position. Er ist derjenige, der die Tore schießt. Er ist der Held. Er ist für den Erfolg verantwortlich. Der Vorgesetzte ist nicht mehr der Herrscher. Er wird zum Unterstützer. Er hilft, dass Mitarbeiter ihre Stärken finden und ihr Potenzial entwickeln. Die Früchte jedoch ernten die Mitarbeiter«, schreibt *tempus*. Um das zu bekräftigen, werden Zielvereinbarungen veranschlagt. Außerdem wird jeder Mitarbeiter im Frühjahr aufgefordert, einen Vorschlag für seinen

Lohn zu machen, um eine leistungsgerechte Bezahlung zu vereinbaren.

- **Stufen 5 und 6:** Wenn die Mitarbeiter die ersten vier Treppenstufen erklommen haben, sind die nächsten beiden Schritte die logische Konsequenz aus dem dadurch gewonnenen Mindset. Es folgen die Stufen »*Mitgenießen*« und »*Mitbesitzen*«. Wenn der Mitarbeiter derjenige ist, der den Erfolg schafft, dann soll er auch am Unternehmen beteiligt werden, mit dem er sich so sehr identifiziert. Die Gehaltshöhe orientiert sich etwa an der Erreichung der persönlichen Ziele. Es gibt eine Gewinn- und eine Kapitalanbindung. Aber auch der Alltag soll den Mitarbeitern leichter gemacht werden. Es gibt kostenlos Obst und Getränke, eine vergünstigte Mitgliedschaft in einem nahe gelegenen Fitnessstudio, Geschenke für Erfolge und Prämien für Mitarbeiter, die nicht krank waren.
- **Stufe 7:** Nun hat man die letzte, die höchste Treppenstufe erreicht. Sie heißt »*Mit Werten unterwegs*« und ist ein Beleg dafür, dass man *vom Mitarbeiter zum Mit-Unternehmer* geworden ist. Das Schöne an dem Konzept: Auch wenn man sich noch auf den unteren Treppenstufen befindet, sieht man eine Perspektive. Und diese Perspektive lässt jede weiße Rose mit ein wenig gutem Willen blau erscheinen.

Kaum zu glauben. Dieses Mindset wurde bereits in den 1980er-Jahren gelebt. Aber es gibt neben den Klassikern auch eine moderne Form der New Work. Und die haben wir besucht.

8. BEST PRACTICE:
SAP – DIE AVANTGARDE

E s war bereits tiefste Nacht, als wir unser Ziel erreichten. Das Navigationsgerät lenkte uns zuverlässig auch durch die kleinsten Seitenstraßen der deutschen Provinz. Als wir den Wagen verließen, zogen wir unsere Jacken noch ein wenig fester zu. Es war eine kalte

Ein Ausflug in die Arbeitswelt der Zukunft

Winternacht, und die Luft war frisch. Morgen war Freitag, der 10. Januar 2020. Ein Tag, auf den wir uns schon seit Wochen gefreut hatten. Was würde uns hier wohl erwarten? Würde es so sein, wie wir es uns vorstellten? Oder doch ganz anders? Wir empfanden unseren Ausflug in die *Arbeitswelt der Zukunft* als ein Abenteuer. Wir fieberten ihm regelrecht entgegen. Nachdem wir in unserem Hotel eingecheckt hatten, schauten wir aus dem Fenster und betrachteten die hellen Lichter der Stadt. Merkwürdig, dachten wir. Alles war viel größer, als wir es uns vorgestellt hatten.

Als wir am nächsten Tag nochmal einen Blick aus dem Fenster wagten, staunten wir nicht schlecht. Das war nicht die Stadt, die wir gestern hier gesehen hatten. Das war das Unternehmen, das wir gleich besuchen würden. Unglaublich. Eine Stadt in der Stadt. Die eigentliche Stadt, in der wir uns aufhielten, war Walldorf. Badische Provinz. Nur 15 000 Menschen leben hier, und doch ist dieses beschauliche Örtchen der Firmensitz eines Global Players – die unscheinbare Heimat eines Riesen. Hier, mitten in Südwestdeutschland, befindet sich nämlich der Hauptfirmensitz der *SAP SE*, des wertvollsten Unternehmens Deutschlands, des größten Softwareunternehmens Europas und der weltweiten Nummer drei nach *Microsoft* und *Oracle*. Doch die *SAP SE* ist nicht nur eine der erfolgreichsten Firmen der Welt. *SAP* ist auch ein

Vorreiter von *New-Work-Konzepten*. Maximale Flexibilität am Arbeitsplatz versprechen sie ihren Mitarbeitern. Was steckt dahinter? Auf der Suche nach Antworten haben wir uns für eine Ortsbesichtigung entschieden. Und uns mit *SAP*-Personalchef Cawa Younosi verabredet.

»Sanfter Rebell« hat ihn eine große Tageszeitung einmal getauft. Eine weitere Bezeichnung, die in dem Artikel vorkam, lautete wie gesagt »HR-[Human-Resources-]Punk«.[14] Was davon stimmt, wollen wir hier in Erfahrung bringen. Wir erreichen den großen, mächtigen Firmenkomplex am späten Vormittag. Die Atmosphäre hier ist freundlich. Die Mitarbeiter wirken gut gelaunt. Der sanfte Rebell verspätet sich um wenige Minuten und lächelt uns dann freundlich zu. Es gäbe viel zu tun, entschuldigt er sich. Cawa Younosi wirkt dennoch tief entspannt und zugleich neugierig. Seit einigen Jahren ist er praktizierender Buddhist. Als er dann auf seine Themen zu sprechen kommt, wird aus dem Buddhisten aber schnell wieder der »Human-Resources-Punk«. Denn das, was er da erzählt, ist nicht viel weniger als die Erzählung einer Revolution. Und die Revolution begann 2016. Damals trat Younosi seinen Job mit dem Gedanken an, die Wünsche der Mitarbeiter in den Fokus seiner Anstrengungen zu stellen. Mit seinen ersten Schritten orientierte er sich an dem, was auch die *SAP*-Gründer in ihren Anfangstagen gemacht hatten, als sie individualisierte Softwarelösungen für große Unternehmen entwickelten. Er hörte einfach nur zu. Nicht den Kunden, sondern den Mitarbeitern. Er hörte zu und versuchte zu verstehen. Wie denken die Angestellten hier? Was sind ihre Sorgen? Ihre Ängste, ihre Probleme?

Nach den Gesprächen wurde Younosi klar, dass es besonders eine Sache gab, die den Angestellten hier auf der Seele lag. *Die Frage nach der Arbeitszeit.* Viele Mitarbeiter, die

Die Wünsche der Mitarbeiter im Fokus der Anstrengungen

nur Teilzeit arbeiten, hatten das Gefühl, in ihrer Karriere behindert zu werden. »Da war die Wahrnehmung, dass man als Teilzeitler möglicherweise den einen oder anderen Posten nicht bekommen kann. Dass es eine negative Reaktion gäbe, wenn man im Interview sagt, dass man bloß 80 Prozent arbeitet. Das beruhte mehr auf einem Gefühl als auf einer Erfahrung.«

Aber, führte Younosi weiter aus, es reiche ja schon aus, wenn Mitarbeiter ein schlechtes Gefühl haben, um benachteiligt zu sein. Er erkannte hier ein strukturelles Problem. Also entschloss er sich zu reagieren: 2016 änderte er einfach die Stellenausschreibungen für das Führungspersonal. Statt einer Vollzeitstelle, bei der auch Teilzeit möglich ist, werden auf Führungsebene nun nur noch Teilzeitstellen ausgeschrieben, die auch in Vollzeit möglich wären. Führungspositionen werden nun also grundsätzlich als *75-Prozent-Stelle* ausgeschrieben. Der Punk hat gesprochen. Aber das war erst der Anfang. Wenn man Führungspositionen schon in Teilzeit ausschreibt, dann kann man sich die Stellen ja auch teilen, dachte er sich. Und führte das Konzept der *Co-Leadership* ein. Jede Stelle kann auch als *Tandem* besetzt werden. Die Software-Hersteller wurden nun in eigener Sache tätig und engagierten ein Start-up aus Berlin *(Tandemploy GmbH)*, das ein Tool programmierte, mit dem sich Mitarbeiter intern für eine gemeinsame Stelle matchen können.

»Wir haben sehr gute Erfahrungen mit Tandemploy gemacht«, lobt Younosi die Mitarbeiter-Matching-App. Anfang 2020 gab es bereits deutschlandweit sechzehn Tandems in Spitzenpositionen. Tendenz steigend. Im Oktober 2019 wurde sogar an höchster Stelle eine Doppelspitze implementiert. Mit Jennifer Morgan und Christian Klein beförderte der Aufsichtsrat nicht nur die erste Frau an die Spitze eines DAX-Unternehmens, man verabschiedete sich auch hier von dem leider noch immer gängigen Führungsmodell des einsamen Konzernlenkers. Während wir die Arbeit an diesem Buch abschlossen, verließ Morgan das Unternehmen allerdings wieder.

Ob Tandem oder Teilzeit, hinter den neuen Modellen steckt eine ganz bestimmte Philosophie: Sie basiert auf der festen Überzeugung, den Menschen in den Mittelpunkt eines Unternehmens zu stellen, das Unternehmen also nach den Wünschen und Bedürfnissen der Mitarbeiter auszurichten. *Gib deinen Angestellten, was sie brauchen, und sie geben dir das Doppelte wieder zurück.* Es klingt so simpel. Aber es ist eine Revolution in der Denkweise von Unternehmensführung. »Teilzeit ist eine Option für jemanden, der sich in einer ganz besonderen Lebensphase befindet«, sagt Younosi. »Keiner macht freiwillig Teilzeit. Teilzeit bedeutet oft Verdienstausfall, Teilzeit bedeutet, weniger Rente zu beziehen.« Den Mitarbeitern aber in besonderen Lebenssituationen die Möglichkeit zu geben, auf diese Weise zu arbeiten, das ist für Younosi selbstverständlich. »Und wenn wir ihnen die Möglichkeit geben, diese Entscheidung zu treffen, dann müssen wir auch gewährleisten, dass sie keine Nachteile haben, dass sie dennoch führen können, dass sie sich im Unternehmen entwickeln können.« Gleichstellung heißt das. Genau das, was der »sanfte Rebell« 2016 erreichen wollte.

Die Arbeitszeitregelungen gehen aber noch weiter. Es gibt bei *SAP* keine Präsenzpflicht im Büro. Younosi spricht hier von *Vertrauensarbeitszeit.* »Vertrauensarbeitszeit bedeutet, dass wir überhaupt keinen Überblick haben, wo die Mitarbeiter gerade sind. Ob sie ins Büro kommen oder nicht. Also meine Mitarbeiterin in München - keine Ahnung, wo genau die gerade unterwegs ist«, sagt er. Damit schmeißt *SAP* den *klassischen Glaubens-*

Gib deinen Angestellten, was sie brauchen, und sie geben dir das Doppelte wieder zurück.

Der klassische Glaubenssatz »Leistung gleich Anwesenheit« ist out.

---

satz, dass *Leistung gleich Anwesenheit* bedeutet, glatt über Bord. »Das sind Konzepte aus der Vergangenheit«, sagt Younosi. »Wir müssen smarter werden. Wir müssen unser Geschäftsmodell ändern. Früher hat man Umsatz gemacht, indem man Zeit beim Kunden verbrachte und fakturierbare Stunden ansammelte. Das haben wir umgestellt. Auf *Outcome*, auf das Ergebnis. Wenn du etwas in einer Stunde machen kannst, dann mach es in einer Stunde und nicht an einem Tag, nur weil du mehr Stunden abrechnen kannst.« Das klingt beinah zu schön, um wahr zu sein. Was steckt dahinter?

»Unser Ziel im Allgemeinen und mein Ziel im Speziellen ist es, *Happy Employees* zu haben. Das klingt ein bisschen amerikanisch, aber dahinter steht ein Konzept. Wir wollen begeisterte Mitarbeiter haben, die *SAP* gern als Arbeitgeber empfehlen, die ihre eigene Führungskraft gern weiterempfehlen würden und die gern zur Arbeit kommen.« Younosi macht eine kurze Pause und lächelt. »Und um diesen Zustand zu erreichen, ist es extrem wichtig, dass sich die Mitarbeiter entfalten können. Und zwar unabhängig von ihrem Arbeitszeitvolumen. Ob die 40 Prozent, 75 Prozent oder 100 Prozent arbeiten, spielt keine Rolle. Und wenn man glückliche und zufriedene Mitarbeiter hat, dann kann ich ihnen eben auch vertrauen. Deshalb ›Vertrauensarbeitszeit‹«, resümiert Younosi selbstbewusst. Die Liste an Maßnahmen, um seine Mitarbeiter glücklich zu machen, ist lang: Es gibt Sportgutscheine, Essensgutscheine, Aktienprogramme, eine Firmenwagen-Flatrate, und gerade plant man auch, eine »Hunde-Kita« zu bauen. Das größte Geschenk hat der sanfte Rebell seinen Mitarbeitern aber ganz sicher mit der *maximalen Flexibilität ihrer Arbeitszeit* gemacht. Denn auch als Buddhist weiß er, dass nichts wertvoller ist als Lebenszeit.

9. VOM ENDE
UNSERER ARBEITSWELT
ZU EINEM NEUEN ANFANG

Nun, die Pole, die wir Ihnen gerade aufgezeigt haben, scheinen kaum weiter voneinander entfernt liegen zu können. Von der Tristesse unserer gegenwärtigen Arbeitswelt hin zu den verheißungsvollen Ufern der *New Work*. Doch der Weg ist gar nicht so weit, wie er vielleicht scheinen mag. Im Gegenteil. Wir haben uns mit unseren bisherigen Arbeitsmodellen in eine Sackgasse verfrachtet. Die Corona-Krise hat uns aber eindrucksvoll gezeigt, dass wir uns längst aus dem Baukasten der New Work bedienen können, ohne Einbußen zu haben. In den vergangenen Monaten haben wir gezwungenermaßen eine Vielzahl neuer Technologien kennengelernt, die unser Arbeiten vereinfacht haben. Telefonkonferenzen über *Zoom, Microsoft Teams* oder *GoToMeeting,* gemeinsames Arbeiten über Tools wie *Google Docs* oder *Sheets.*

Wir können uns längst aus dem Baukasten der New Work bedienen, ohne Einbußen zu haben.

Auch die Arbeiten an diesem Buch entstanden zu den allergrößten Teilen mittels neuer Technologien und New-Work-Tools. Wir möchten Sie nun auf den kommenden Seiten mitnehmen, diesen Weg zur New Work mit uns gemeinsam zu beschreiten. Und genau dafür brauchen wir die *Intervalle.* Denn in dem Moment, in dem wir beginnen, nach unserer eigenen Biologie zu leben, haben wir die Basis für New Work geschaffen. Dann haben wir den Schlüssel gefunden, die bisherige Arbeitswelt komplett auf den Kopf zu stellen und den Status quo zu verändern. Unternehmen werden dann statt kranker, unmotivierter und unausgeschlafener Mitarbeiter eine ganz neue Produktivität und ein neues Wachstum erfahren.

Es ist ein langer Weg, den wir gehen werden. Aber er lohnt sich. Um die *New Work mit unseren Intervallen in Einklang zu bringen*, werden wir uns zunächst einmal ein paar Grundlagen anschauen. Wir werden Ihnen zeigen, warum unsere menschliche Biologie bis in die kleinsten Zellen auf Intervalle ausgerichtet ist. Denn nur wenn wir uns selbst verstehen,

Wenn wir unseren Intervallen folgen, können wir unser Leben optimieren.

können wir verstehen, wie wir unser Leben optimieren können. Wenn wir unsere eigenen Intervalle begreifen, dann können wir unsere Arbeit an sie anpassen und somit sehr viel leistungsfähiger und zugleich selbstzufriedener werden. Um das hinzubekommen, geben wir Ihnen dann im dritten Teil des Buches die praktische BOSS-Methode an die Hand. Mithilfe von *New-Work*-Tools wird es Ihnen gelingen, Ihr Arbeitsleben an Ihre ganz individuellen Intervalle anpassen zu können. Sie werden diese Reise aber nicht allein machen. Sie werden begleitet von einem jungen Ehepaar, das ebenfalls gerade die Wunder und die Möglichkeiten der Intervall-Woche kennenlernt.

Teil 2

DIE MACHT
DER RHYTHMEN
ODER
EIN PAAR GRUNDLAGEN

10. CHRONOBIOLOGIE

Noch ist es ganz still. Annalena Thelen steht an ihrem Küchenfenster und schaut auf die Großstadt herab. Sie liebt diesen Moment. Diesen Moment, kurz bevor die Welt aus ihrer nächtlichen Ruhe erwacht. Von hier oben hat sie alles im Blick. Zehnter Stock, Neubau, zentrale Lage. Seit sie mit ihrem Mann Dennis vor einem Jahr hier eingezogen ist, ist die Küche zu ihrem Fenster zur Welt geworden. Sie lächelt. Die Sonne ist schon aufgegangen und wirft ein mildes, oranges Licht auf die Stadt. Noch ist niemand unterwegs. Nur ein einzelner Wagen von der Straßenreinigung fährt über den zentralen Platz. Annalena hat einen Begriff für diese Momente. »Die Stunde vor Weltbeginn«. So nennt sie das.

Die junge Frau löst den Blick von ihrem Fenster und schaltet die Kaffeemaschine an. Es brummt ein wenig. Während der Kaffee durchläuft, schaut sie auf die große Wanduhr. Es ist 6.24 Uhr. In genau sechs Minuten wird Dennis' Wecker klingeln. Er wird auf den Schlummerknopf drücken. In neun Minuten wird der Wecker dann erneut klingeln. Dann wird er sich mit schlechter Laune in die Küche schleppen. Man kann es nicht anders sagen. Er schleppt seinen Körper wortwörtlich hinter sich her. Annalena muss lächeln bei dem Gedanken an ihren verschlafenen Mann. Ein Morgenmuffel ist er. Daran hat sie sich mittlerweile gewöhnt. Annalena hatte sich schon lange vorgenommen, einen neuen Wecker zu kaufen. Einen ohne Snooze-Funktion. Aber Dennis wird immer wieder Wege finden, das Aufstehen noch ein wenig hinauszuzögern. In dieser Hinsicht ist er kreativ.

Annalena zieht ihren Bademantel ein wenig fester und stellt die Frühstücksteller auf dem Küchentisch bereit. Dann holt sie den Aufschnitt aus dem Kühlschrank und die Marmelade aus der Vorratskammer. Im Schlafzimmer klingelt der Wecker zum ersten Mal. *Piep-piep. Piep-piep. Piep-piep.* Unterbrechung. Sie lächelt erneut. Sie weiß, dass das der Moment ist, die Eier in das bereits kochende Wasser zu geben. Bis Dennis am Tisch ist, sind sie durch und auf Esstemperatur heruntergekühlt. Der Plan geht auf. Wenige Minuten später sind die Eier serviert, und ein schlecht gelaunter Ehemann hat sich auf den Küchenstuhl fallen lassen, reibt sich nun gequält die Augen, die er kaum offen halten kann, und fährt sich mit der Hand durch die verwuschelten Haare.

»Guten Morgen«, versucht es Annalena. 6.36 Uhr.

Ein dahingemurmeltes »Mhja« ist das Maximum der Gefühle, das sie von ihrem Mann nun als Antwort erwarten kann. Sie weiß das. Sie weiß auch, dass sich das gleich fangen wird. Dass er erst eine halbe Tasse Kaffee trinken, dann ein Ei und ein Brot mit Wurst essen wird. Dann wird er die Tasse leer trinken und erst dann auf Betriebstemperatur kommen.

Seltsam, denkt sie sich, wie berechenbar das doch schon für sie geworden ist. Woran liegt das wohl? Ist es, weil sie sich nun schon so lange kennen? Weil sie gelernt hat, seinen Rhythmus zu verstehen? Der Gedanke lässt sie nicht los. Tatsächlich haben sie und ihr Mann ganz unterschiedliche Lebensrhythmen. Annalena hatte sich heute Morgen keinen Wecker gestellt. Das tut sie schon seit Jahren nicht mehr. Sie wacht verlässlich um 6.00 Uhr auf. Mal ein paar Minuten früher. Mal ein paar Minuten später. Aber irgendwie hat ihr Körper sich auf genau diese Zeit ein-

> *Unser Leben verläuft nach unterschiedlichen Rhythmen.*

gestellt. 6.00 Uhr. Im Gegensatz zu ihrem Mann fällt ihr das Aufstehen auch nicht schwer. Sie macht die Augen auf und ist einfach wach.

»Das ist unfair«, hält ihr Dennis oft entgegen. »Du gehst ja auch viel früher schlafen als ich, da ist es ja klar, dass du morgens so fit bist.«

Tatsächlich sitzt Dennis nachts oft noch stundenlang am Schreibtisch, während Annalena bereits im Bett liegt. Seit er Abteilungsleiter geworden ist, bringt er viel Arbeit mit nach Hause, die er nachts erledigt. Wenn er Ruhe hat, wie er sagt. Dennis scheint sein Leistungshoch am späten Abend zu haben. Da wird er dann so richtig fit und aufgedreht und hat gute Ideen, über die er sehr gern sehr viel sprechen würde, während seine Frau eigentlich nur noch schlafen will.

Es ist jeden Abend dasselbe, denkt sich Annalena. Und jeden Morgen. Und auch jedes Wochenende funktioniert nach derselben Logik. Annalena ist früh wach. Ihr Mann hingegen schläft lange. Am Abend hingegen ist er noch spätnachts sehr fit und sie bloß müde.

»Ich gehe duschen«, sagt Dennis und reißt seine Frau aus den Gedanken. Sie lächelt. Dann fängt sie an, den Küchentisch abzuräumen. Sie stellt die Marmelade zurück in die Vorratskammer, den Aufschnitt wieder in den Kühlschrank und wischt mit einem feuchten Tuch den Tisch ab. Sie hat Zeit. Sie muss erst um 10.15 Uhr auf der Arbeit sein. Annalena hört das Wasser im Badezimmer laufen. Sie weiß, dass der Mann, der gleich geduscht und rasiert und angezogen in die Küche treten wird, um sich von ihr zu verabschieden, ein anderer Mann sein wird als der Mann, der noch vor ein paar Minuten kaum den Kopf aufrecht halten konnte. Er hat halt seinen Rhythmus, denkt sie sich und bleibt erneut bei ihrem Gedanken hängen. Eigentlich ist es ja verrückt. Dass jeder von uns scheinbar eine innere Uhr hat, die bei jedem so ganz anders tickt. Oder bildet sie sich das bloß ein? Annalena gießt sich noch eine Tasse Kaffee ein, nimmt einen tiefen Atemzug und schaut aus dem Fenster, um zuzusehen, wie die Welt vor ihren Augen aufwacht.

Das, was Annalena ganz instinktiv erkannt hat, ist mehr als bloß ein Bauchgefühl. Es ist längst wissenschaftlich bewiesen. *Unser ganzes Leben verläuft nach unterschiedlichen Rhythmen.* Und diese Rhythmen werden von unserer inneren Uhr getaktet. Die Wissenschaft, die sich damit beschäftigt, ist die *Chronobiologie;* und wenn wir lernen, die Chronobiologie zu verstehen, dann lernen wir auch, uns selbst ein gutes Stück besser zu begreifen. Folgen Sie uns nun also auf einen kurzen Ausflug in die Vergangenheit, bevor wir uns wieder unserer gegenwärtigen Arbeitswelt widmen!

Wie die innere Uhr entdeckt wurde

Die Chronobiologie, also die Lehre von der Zeit (gr. *chrónos*) und ihrem Einfluss auf die Lebewesen (Biologie), wie wir sie heute kennen und anwenden, stammt aus den 1960er-Jahren. Die ersten Samen jedoch wurden bereits viel, viel früher gelegt. Genauer gesagt, an einem Spätsommerabend im Jahr 1729. Die Sonne war gerade untergegangen, als Jean Jacques d'Ortous de Mairan (1678–1771) eine Beobachtung machte, die zur Grundlage für unser Verständnis der natürlichen Rhythmen werden sollte. 1729 gab es das Wort »Chronobiologie« natürlich noch gar nicht. Und de Mairan hatte mit *Zyklen und Rhythmen* auch sonst nicht viel am Hut. De Mairan war Astronom. Normalerweise beschäftigte er sich mit der Beobachtung von Himmelskörpern. Eine seiner größten Entdeckungen war ein Gasnebel im Sternbild Orion, der viele Jahre später nach ihm benannt werden sollte. Und auch wenn jeder Astronomiestudent noch heute de Mairans Nebel kennt, ist der Forscher wegen einer ganz anderen Entdeckung in die Wissenschaftsgeschichte eingegangen, und die machte er an besagtem Sommerabend im Jahr 1729. De Mairan war gerade mit einer größeren Abhandlung beschäftigt. Er musste dringend sein Manuskript fertig bekommen, aber irgendwie war er unkonzentriert, ihm fehlte die richtige Inspiration, und so legte er seine Feder kurz zur Seite und streifte durch sein Arbeitszimmer. Vor seiner Zimmerpflanze blieb er stehen.

In einem Topf am Fensterbrett hatte er eine Mimose aufgestellt. Mimosen sind kuriose Pflanzen. Die strauchartigen Gewächse reagieren auf Berührung und Hitze und sind in der Lage, ihre Blätter selbstständig zu bewegen. Nur wenige Pflanzen können das. Als de Mairan sich die Pflanze genauer anschaute, fiel ihm auf, dass diese schon ihre Blattfiedern zugeklappt hatte. Das machte die Pflanze jede Nacht. De Mairan schaute aus dem Fenster. Die Sonne war ja bereits untergegangen. Merkwürdig, dachte er sich, dass auch eine Pflanze scheinbar bei Nacht in eine Art »Schlafmodus« wechselte. Tagsüber, da sind die Blattfiedern immer weit ausgestreckt, wusste de Mairan. Pflanzen wie Mimosen nennt man »heliotrop«, das bedeutet, dass sie sich tatsächlich in Richtung Sonne (gr. *helios*) ausrichten.

De Mairan dachte nach. Er war ein Nachtarbeiter. Die meisten und besten seiner Texte schrieb er lange nach Sonnenuntergang. Zu einem Zeitpunkt, an dem die meisten anderen Menschen schon lange schliefen. Vielleicht war es die Einsamkeit, die ihm genau die Ruhe gab, die er brauchte. Auch wenn viele seiner Kollegen das wohl belächelten. Auch

Eine Pflanze im »Schlafmodus«

im 19. Jahrhundert galten »Langschläfer« und »Spätaufsteher« eher als verlotterte Zeitgenossen, die keinem geregelten Tagesablauf nachgingen. Es wäre einfach »unnatürlich«, zu spät ins Bett zu gehen, hieß es.

De Mairan betrachtete seine Mimose. Auch sie schien sich scheinbar »natürlich« zu verhalten und nur tagsüber aktiv zu sein. Der Astronom betrachtete die Pflanze von allen Seiten. Und dann hatte er eine Idee: Was wäre, wenn er seine Pflanze einfach umzöge? Wenn er ihr das Sonnenlicht nähme und sie so verwirrte? Könnte er sie dann vielleicht dazu bringen, nachtaktiv zu werden? So wie er? De Mairan setzte sich an seinen Schreibtisch und machte einige Notizen. Dann öffnete er die untere Tür seines Schreibtisches, riss alle Schubladen heraus und stellte dort seine Mimose hinein. Er schloss die Tür. Kein Tageslicht würde nun mehr zu ihr durchdringen. Aufgedreht legte er sich ins Bett. Sein eigentliches Manuskript hatte er zu diesem Zeitpunkt schon völlig vergessen. Gleich morgen, dachte er, werde er sein kleines Experiment weiterführen. Gleich nach dem Aufstehen. Ob seine Mimose ohne Sonnenlicht wohl auch ein wenig ausschlafen würde?

Wie üblich wachte der Astronom ein wenig später als seine Zeitgenossen auf, aber als er seine Augen öffnete, war er gleich hellwach. Sein Experiment! Er sprang aus seinem Bett, lief aufgeregt in sein Arbeitszimmer, dunkelte alles mit den schweren Vorhängen ab und öffnete dann die Tür seines Schreibtisches einen kleinen Spalt breit. De Mairan war erstaunt. Seine Mimose war ebenfalls schon wach. Ihre Fiedern ausgestreckt. Obwohl kein Licht zu ihr durchdrang. Woher wusste sie bloß, dass es Tag war?

Er setzte sich an seinen Schreibtisch, machte ein paar Notizen und nahm sich vor, das Experiment zu verlängern.

Wie lange würde es wohl dauern, bis er seine Pflanze aus dem Konzept gebracht hätte? Über mehrere Wochen notierte der Astronom jede Kontrolle, jede Stichprobe. Die Pflanze ließ sich nicht verwirren. Obwohl sie in ihrem Schreibtisch kein Licht mehr sah, richtete sie ihre Fiedern pünktlich zum Sonnenaufgang aus und kloppte sie bei Sonnenuntergang wieder ein. Wie machte sie das?

De Mairan ließ seine Beobachtung nicht mehr los. Er testete nun auch andere heliotrope Pflanzen, bat seine Freunde, dies ebenfalls zu tun, und beschäftigte sich nun überhaupt nicht mehr mit seinem ursprünglichen Manuskript – sondern steckte seine ganze Energie in sein kleines Experiment. Nach einiger Zeit war sich de Mairan sicher: Die Pflanze folgte dem *Tag-Nacht-Rhythmus*, ohne etwas vom äußeren Tag-Nacht-Rhythmus mitbekommen zu können. Das ließ nur einen Schluss zu. Die Pflanze müsste eine Art »innere Uhr« besitzen. Er fertigte aus seinen Notizen eine Studie an. Und diese Studie übergab er Ende des Jahres der Königlichen Akademie der Wissenschaften in Paris, in welcher er Mitglied war.

Zugegeben: De Mairan wusste sehr genau, dass er kein Botaniker war. Darum fiel die Studie auch recht kurz aus und endete mit einer Aufforderung: Seine Kollegen hätten die Aufgabe, die Gesetzmäßigkeit, die er entdeckt hatte, zu beweisen und weiter zu erforschen. Er könne nur feststellen: Es gibt einen inneren, einen endogenen *zirkadianen Rhythmus* bei Pflanzen. Ein zirkadianer Rhythmus ist ein 24-Stunden-Rhythmus, der sich etwa auch mit dem Schlaf-wach-Zyklus beim Menschen deckt (lat. *circa* [ungefähr] und *dies* [Tag]).

De Mairan hatte eine ungeheuerliche Entdeckung gemacht, die die gesamte Wissenschaft revolutionieren würde. Er hatte entdeckt, dass Lebewesen eine *innere Uhr* haben. Allerdings war den Menschen das zum damaligen Zeitpunkt ziemlich egal. Die Forschung de Mairans

Lebewesen haben eine innere Uhr.

wurde eher belächelt. Niemand griff sie zunächst auf. Zumindest nicht systematisch. Erst nach und nach fanden sich bei anderen renommierten Wissenschaftlern ähnliche Berichte über rhythmische Phänomene. Christoph Wilhelm Hufeland (1762–1836), Carl von Linné (1707–1778) und sogar Charles Darwin (1809–1882) berichteten von ihren Erkenntnissen.

Im 20. Jahrhundert nahm man sich die Schrift von de Mairan noch einmal zur Hand. Und schaute genauer hin. In den 1930er-Jahren wurden von Botanikern dann auf der Grundlage seines Berichts mehrere Versuchsreihen durchgeführt. Nathaniel Kleitman (1895–1999) etwa, der Begründer der Schlafforschung, lebte im Juni 1938 einen Monat mit seinem Mitarbeiter Bruce Richardson in der Mammut-Höhle in Kentucky, um den Schlafrhythmus ohne äußere Einflüsse zu studieren. Alle kamen zu demselben Schluss: De Mairan hatte recht. In einer warmen Sommernacht im Jahr 1729 hatte der Astronom ein neues Forschungsfeld entdeckt, das erst zweihundert Jahre später wirklich anerkannt werden sollte. Die *Chronobiologie*. Und das nur, weil er schlaflos war und an seinem Schreibtisch über einem Manuskript verzweifelte.

Von der Pflanze zum Tier, vom Tier zum Menschen

Die neuen Erkenntnisse berauschten die Wissenschaftler. Sie hatten bereits seit zweihundert Jahren einen Schatz vor der Nase gehabt, dessen Wert sie erst jetzt wirklich einordnen konnten. Einen Schatz, der ihnen eine ganz neue Forschungsperspektive eröffnete. Pflanzen hatten also eine *innere Uhr*. Aber vielleicht gab es noch weitere Lebewesen, die einer solchen inhärenten Rhythmik folgten? Es wurden erste Untersuchungen bei Tieren gemacht. Und auch hier konnte man sehr schnell ein ähnliches Phänomen nachweisen. Zum Beispiel bei der Taufliege. Bei der *Drosophila melanogaster*. Ein kleines Insekt, das eine starke zirkadiane Rhythmik beim Schlüpfen der Fliegen aus den Puppen hat. Dieser Rhythmus beträgt normalerweise 24 Stunden. Das heißt, die Fliegen schlüpfen nicht willkürlich über den Tag verteilt, sondern zu einer bestimmten Zeit. Wer um diese Zeit nicht geschlüpft ist, tut es an diesem Tag nicht mehr, sondern am nächsten.

Entstanden ist die *zirkadiane Uhr* wahrscheinlich gleich zu Anbeginn der Evolution. Schon die allerersten Einzeller in den Urmeeren profitierten möglicherweise davon, wenn sie den Sonnenaufgang vorhersagen und rechtzeitig in tiefere Wasserschichten abtauchen konnten. So entgingen sie der damals noch weitgehend ungefiltert auf die Erde treffenden UV-Strahlung der Sonne. In der Finsternis der Tiefsee signalisierte die Uhr den Mikroben dann wieder, wann es Zeit zum Auftauchen war. Diese Erkenntnisse waren kleine Erfolge der Chronobiologie. Aber einen Quantensprung sollte es erst in den 1960er-Jahren geben.

Und für den sorgte der deutsche Mediziner und Verhaltensbiologe Jürgen Aschoff (1913–1998). Aschoff war fasziniert von den neuen Erkenntnissen. Doch der Arzt wollte auch das letzte große Rätsel noch lösen. Er wollte wissen, ob es nicht bloß bei Pflanzen und bei Tieren,

Der menschliche Körper hat eine eigene Rhythmik.

sondern auch beim Menschen eine Art »innere Uhr« gibt. Zyklen, die sich regelmäßig wiederholten. Er machte zunächst einige Selbstexperimente und untersuchte seine eigenen Temperaturzyklen. Ein gesunder Mensch hat eine Kerntemperatur von 36,5 bis 37,4 Grad Celsius. Im Laufe des Tages aber schwankt unsere Körpertemperatur leicht. Das ist notwendig, damit die Stoffwechselvorgänge im Körper richtig funktionieren. In der zweiten Nachthälfte etwa, wenn sich der Körper in einer Art »Ruhemodus« befindet, ist die Körpertemperatur am niedrigsten. Ab dem Vormittag steigt sie wieder an und erreicht am Nachmittag ihren Höchstwert. Von diesem Zeitpunkt an fällt sie wieder ab. In einer normalen Umgebung erreicht die Körpertemperatur ihren Tiefpunkt genau in der Mitte unserer Schlafphase. Aschoff wiederholte diese Messungen auch bei anderen Menschen. Und er kam immer wieder zum selben Ergebnis: *Der menschliche Körper hat eine eigene Rhythmik.*

Bald entdeckten Forscher weitere Zyklen. Es gibt da zum Beispiel die Hormonzyklen. Zu bestimmten Tageszeiten werden ganz bestimmte Hormone verstärkt ausgeschüttet. Sie haben sicher schon einmal durch Ratgeberzeitschriften geblättert und sind über Artikel gestoßen, die reißerische Titel tragen wie »Um diese Zeit haben Sie den besten Sex«. Solche Artikel basieren auf genau dieser chronobiologischen Forschung und der Erkenntnis, dass Männer etwa nach dem Aufstehen am meisten Testosteron ausschütten. Testosteron ist das männliche Sexualhormon, und aus diesen Erkenntnissen lassen sich dann eben diese sehr vereinfachten Artikel ableiten. Es gibt auch Melatonin, das Schlafhormon, das nachts ausgeschüttet wird und uns müde macht.

Das Bunkerexperiment: die innere Uhr des Menschen

Aber diese Erkenntnisse reichten Aschoff noch nicht. Er las die Experimente, die de Mairan mit seinen Mimosen gemacht hatte, mit sehr großem Interesse. Und irgendwann reifte in ihm der Gedanke, dass er dieses Experiment gern wiederholen würde. Nur eben nicht mit einer Pflanze, die er in seinem Schreibtisch vom äußeren Tag-Nacht-Zyklus abschnitt, sondern mit einem Menschen. Was wäre, wenn er jemanden komplett isolierte, ihn vom klassischen Tag-Nacht-Rhythmus abkoppelte? Würde er dennoch weiter in 24-Stunden-Rhythmen leben?

Als Aschoff zum Leiter eines Forschungsinstituts der Max-Planck-Gesellschaft ernannt wurde, sah er mit seinem Kollegen Rüdiger Wever den richtigen Moment gekommen, seinen Versuch zu starten. Statt die Schubladen aus einem Schreibtisch herauszureißen, bauten sie stattdessen mitten in Andechs, im Herzen von Bayern, einen Bunker. Und sie überließen bei ihrem Experiment wirklich nichts dem Zufall. Meterdicke Mauern. Schalldichte Wände. Keine Uhren. Keine Fenster. Kein Tageslicht. Wer in diesem Bunker war, der hatte keinerlei Kontakt mehr zur Außenwelt. Er sah und hörte sie nicht. Es gab sogar einen Metallkäfig, der die Bewohner von elektromagnetischen Schwankungen abschirmen sollte.

Die Bewohner? Statt Mimosen zogen hier Menschen ein. Über mehrere Wochen bewohnten immer wieder neue Testpersonen den Andechser Bunker. Alles, was sie machten, wurde ganz genau kontrolliert. Ihre Temperatur wurde rund um die Uhr gemessen, ihr Gewicht festgehalten, ihre Schritte wurden mit Sensoren im Boden analysiert. Die Probanden lebten in kleinen Apartments im Bunker, die allerdings alle voneinander abgeschottet und nur durch einen Korridor verbunden waren. In diesem Korridor gab es eine Ablage, in der die Bunkerbewohner eine Liste mit Lebensmittelwünschen und sonstigen Einkäufen hinterlegen konnten und zum anderen Urinproben abstellten, die die Forscher wissenschaftlich untersuchten. Um den Probanden wirklich kein Gefühl für die Zeit zu geben, wurden die Regale zu den unterschiedlichsten Zeiten geleert. Mal holten die Wissenschaftler die Proben früh am Morgen ab, dann mal wieder mitten in der Nacht oder am späten Nachmittag.

Was sollte das Ganze? Nun, Aschoff wollte herausfinden, wie genau die »innere Uhr« des Menschen tickte. Würde sie auch noch funktionieren, wenn er völlig abgeschottet von der Außenwelt wäre? Wenn er nicht mehr wüsste, wann es Tag und Nacht ist? Die Bewohner konnten sich in ihren Apart-

ments völlig frei bewegen. Sie konnten kochen, wenn sie
Hunger hatten, schlafen, wenn sie müde
waren. Sie hatten nur zwei Aufgaben, die
sie erfüllen mussten: Einmal sollten sie
Tagebuch führen und notieren, wie es ih-
nen geht. Und einmal sollten sie jede Stunde auf einen Knopf
drücken. Das heißt immer dann, wenn sie »glaubten«, dass
eine Stunde vorüber wäre.

*Wir haben eine innere Uhr,
die uns den Takt vorgibt.*

Was waren nun die Ergebnisse? Nun, die meisten Probanden lebten auch im völlig abgeschotteten Bunker weiter wie
gewohnt. Zwei Drittel eines Tages waren sie wach. Ein Drittel
des Tages schliefen sie. Aschoff stellte fest, dass die meisten
weiter mehr oder weniger in einem 24-Stunden-Takt lebten.
Obwohl sie gar keine Möglichkeit hatten, ihre Tage aufgrund
äußerer Veränderungen zu takten. Es gab leichte Varianzen,
aber im Grunde zeigte das aufwendige Experiment im Andechser Bunker das gleiche Resultat wie das Mimosenexperi-
ment von de Mairan. Der Mensch hat eine *innere Uhr,* die
ihm den Takt seines Lebens vorgibt. Aber wenn es heißt, dass
die meisten Probanden ihren zirkadianen Rhythmus beibehalten haben, was ist dann mit den restlichen Versuchsteil-
nehmern gewesen? Das Experiment hat noch etwas anderes
offenbart. Es zeigte sich, dass die Menschen ihren Tagesverlauf nach zwei verschiedenen Rhythmen takteten. Es gibt
Verhaltensrhythmen. Und es gibt *biochemische Körperrhythmen.*

Ein Beispiel: Der Mensch kann mehrere Tage ohne Schlaf
überstehen, bevor sein Organismus automatisch in einen
Schlafmodus verfällt. In Extremerfahrungen sind die meisten Menschen immer wieder verwundert, wie sehr sie ihren
Körper doch tatsächlich belasten können. Doch in der Regel
tun wir das gar nicht. In der Regel gehen wir einmal am Tag
für rund acht Stunden schlafen, um uns zu regenerieren. Das
ist biologisch gesehen kein Muss. Oft gehen wir abends
zu einer bestimmten Uhrzeit einfach ins Bett, auch wenn wir

noch gar nicht wirklich müde sind. Das ist ein *Verhaltens-rhythmus*.

Der *biochemische Rhythmus* hingegen läuft ganz automatisch ab. Etwa die Sache mit der Temperatur und den Hormonen. Die Temperatur steigt tagsüber und sinkt nachts, die Hormone werden morgens ausgeschüttet, ohne dass wir etwas daran verändern können.

Das Aschoff'sche Bunkerexperiment war ein Meilenstein. Und es etablierte die *Chronobiologie* endgültig als neue Wissenschaft. Zum ersten Mal wurde systematisch bewiesen, dass alle Lebewesen, auch der Mensch, *innere Rhythmen* haben, die von unserer Biologie vorgegeben und genetisch verankert sind. *Wir haben eine innere Uhr, die uns den Takt vorgibt.* Die sehr viel mehr Einfluss auf unseren Alltag hat, als wir uns das jemals hätten vorstellen können. Es war eine Erkenntnis, die unseren Blick auf die Welt verändert hat. Kein Wunder, dass im Jahr 2017 der Nobelpreis für Medizin oder Physiologie für die *Entschlüsselung der inneren Uhr* an die drei Chronobiologen Jeffrey C. Hall, Michael Rosbash und Michael W. Young aus den USA vergeben wurde. Seit Aschoffs Bunkerexperiment versetzte das Forschungsfeld Wissenschaftler aus mittlerweile allen Disziplinen in Aufregung. Ob Sportwissenschaftler, Ökonomen oder Mediziner und Biologen – alle wollen die Auswirkungen der inneren Uhr auf unser Leben erforschen.

Im Jahr 2017: Medizin-Nobelpreis an drei Chronobiologen für die Entschlüsselung der inneren Uhr

Die Chronobiologie kennt verschiedene Rhythmen, die für unterschiedliche Lebewesen von Bedeutung sind. Ein Überblick:

· **Zirkatidale Rhythmen:** Sie folgen der etwa alle 12 Stunden wiederkehrenden Folge von Ebbe oder Flut (lat. *circa* [ungefähr] und mniederd. *tīde* [Flut, Flutzeit]). Sie sind wichtig für viele Bewohner der Brandungszone. Am Strand lebende Winkerkrabben gehen zum Beispiel nur bei Ebbe auf Nahrungssuche, im Wasser lebende Krebse schwimmen dagegen allein bei Flut im Wasser umher.

· **Ultradiane Rhythmen:** Rhythmen, deren Periodendauer kürzer als 24 Stunden ist und deren Frequenz über der eines Tages liegt, beispielsweise Fresszyklen bei Feldmäusen (lat. *ultra* [über] und *dies* [Tag]). Die Frequenz (lat. *frequentia* [Häufigkeit]) ist ein Maß dafür, wie schnell die Wiederholungen in einem periodischen Vorgang aufeinanderfolgen (gr. *periodos* [Wiederkehr]).

· **Zirkadianer Rhythmus:** ein 24-Stunden-Rhythmus, der sich etwa auch mit dem Schlaf-wach-Zyklus beim Menschen deckt. Daher der Name »zirka«, weil der Rhythmus *etwa* 24 Stunden dauert.

· **Infradiane Rhythmen** (lat. *infra* [unter]): saisonale Rhythmen, deren Periode deutlich länger als 24 Stunden dauert, deren Frequenz *unter* der eines Tages liegt, wie beispielsweise der Jahreszyklus (ungefähr 365 Tage lang). Oder Rhythmen, die einem Mondzyklus folgen (ungefähr 28 Tage).

So funktioniert die innere Uhr

Wenn wir nun aber alle eine innere Uhr haben, dann stellt sich Ihnen sicher die Frage, wie diese Uhr eigentlich genau funktioniert. Und wo sie sich befindet. Die Antwort ist etwas komplizierter. Denn Sie besitzen nicht bloß eine, Sie besitzen *viele innere Uhren.* Jede einzelne Zelle unseres Körpers verfügt über eine innere Uhr. Aber ja, es gibt eine Hauptuhr. Und die sitzt im Gehirn. Über der Kreuzung (gr. *chíasma*) der Sehnerven befindet sich eine Ansammlung von Nervenzellen, der suprachiasmatische Nukleus (Kern), kurz SCN. Diese Uhr tickt völlig autonom mit einem Rhythmus, der ungefähr 24 Stunden beträgt, wie wir das schon von den Experimenten Aschoffs gesehen haben. Die Hauptuhr im SCN schickt an den gesamten Körper Signale und steuert ihn somit. Das geschieht über verschiedene Wege, über Nervenbahnen, über das autonome Nervensystem oder über Hormone. Damit steuert sie fast den ganzen Körper und beeinflusst viele Funktionen.

Menschen besitzen viele innere Uhren.

Das wird vielleicht anhand eines konkreten Beispiels sehr deutlich: Sicherlich kennen Sie auch das Gefühl, *nachts wachzuliegen* und über die Sorgen und Probleme im Alltag nachzudenken. Und Sie kennen sicherlich auch das Gefühl, dass diese Sorgen und Probleme Sie regelrecht lähmen. So sehr, dass Sie sich fragen, wie Sie das alles überhaupt schaffen sollen, wie Sie das, was in den nächsten Tagen noch alles auf Sie zukommt, bewältigen können. Und dann, am nächsten Morgen, wenn Sie frisch ausgeschlafen sind, erscheinen die Probleme doch nur halb so schlimm. Woran liegt das? Nun, nachts schüttet der Körper automatisch den Schlafbotenstoff *Melatonin* aus, der uns müde und trübselig macht. Zugleich wird das Glückshormon *Serotonin* eher tagsüber ausgeschüttet. Der Schlafforscher Dr. Hans-Günther Weeß bringt es auf den Punkt: Wir verfallen nachts in Depression. »In diesem körperlichen Zustand machen wir oft aus einer Mücke einen Elefanten, und die nächtliche Katastrophe nimmt ihren Lauf«, sagt Dr. Weeß. »Am nächsten Morgen, bei Tageslicht betrachtet, sieht die Welt oft wieder ganz anders aus. Der lichtscheue Geselle Melatonin hat sich vom Acker gemacht und der Glücksbotenstoff Serotonin rückt das nächtliche Problem wieder ins rechte Licht.«[1] Man spricht hier auch von der *Stunde des Wolfes*, in der die Probleme größer erscheinen, als sie eigentlich sind.

Die Chronotypen

Lerchen und Eulen: zwei Chronotypen.

Sie haben sicherlich schon einmal die Begriffe für die unterschiedlichen Schlaftypen gehört. Wissenschaftler unterscheiden zwischen zwei Chronotypen: *Lerchen* und *Eulen*. Lerchen sind die Frühaufsteher. Sie werden früher müde als die meisten Menschen, sind dafür aber auch morgens eher wach. Sie fühlen sich bei Tagesanbruch besonders fit. Eulen hingegen sind abends lange leistungsfähig, morgens aber müde und schlecht gelaunt.

Das Bild von Lerchen und Eulen ist allerdings stark vereinfacht, sie bilden bloß die äußeren Ränder der Normverteilung. Man weiß, dass die meisten Deutschen zwischen 6.30 Uhr und 7 Uhr aufstehen. Außerdem sind diese sogenannten *Chronotypen* wandlungsfähig, sie verändern sich im Laufe der Jahre ein wenig. Gerade Kinder sind oft sehr früh wach, während sich in der Pubertät der Rhythmus etwas nach hinten schiebt. Junge Erwachsene sind tendenziell auch gern nachts unterwegs, während sehr alte Menschen dann wieder früher ins Bett gehen und früher aufstehen, im Volksmund scherzhaft als »senile Bettflucht« bezeichnet. Allerdings handelt es sich dabei eher um kleinere Verschiebungen, die grundsätzliche Anlage, ob man ein Tag- oder Nachttyp ist, bleibt bestehen.

Die *Chronotypen Eule und Lerche* sind von der Forschung natürlich sehr plakativ gewählt worden. Aber sie haben ihren Zweck erfüllt. Heutzutage hat sich mit den beiden Begriffen auch das allgemeingültige Verständnis festgesetzt, dass es überhaupt unterschiedliche Chronotypen gibt. Das ist keine Selbstverständlichkeit. Noch lange bis ins 19. Jahrhundert hielt sich die Vorstellung, dass Langschläfer faule und asoziale Menschen wären, Hallodris und ominöse Gestalten.

Aber tatsächlich ist die Forschung heute auch schon viel weiter. Lerchen und Eulen waren gestern. Im Jahr 2017 hat der US-amerikanische Psychologe und Schlafmediziner Dr. Michael Breus sein Buch *Gutes Timing ist alles* veröffentlicht, in dem er die Chronotypen differenzierter zeichnet und sie mehr an die Realität anpasst. Statt Lerchen und Eulen, also reine Tag- oder Nachtmenschen, gibt es bei ihm *Bären, Löwen, Wölfe* und *Delfine.* Er begründet das auch damit, dass er sagt, der Mensch sei kein Vogel. Und die vier genannten Säugetier-Typen wären besser, um die Vergleichbarkeit der Chronotypen herzustellen. Mit folgendem einfachem Test können Sie auch herausfinden, welchem Typ Sie am ehesten entsprechen [*].

Bären, Löwen, Wölfe und Delfine – vier weitere Chronotypen

---

[*] Mit freundlicher Genehmigung leicht modifiziert aus: Michael Beus, Gutes Timing ist alles. Der richtige Zeitpunkt für Schlaf, Essen, Sex und fast alles andere. Mit Test: Welcher Chronotyp sind Sie? © 2017 Wilhelm Goldmann Verlag, München, in der Verlagsgruppe Random House GmbH. Übersetzung: Imke Brodersen

Der Chronotypen-Test

Teil 1

Bitte markieren Sie bei den folgenden zehn Aussagen jeweils
»richtig« oder »falsch«:

1. **Ich kann beim kleinsten Geräusch oder Lichtschimmer nicht einschlafen oder wache davon auf.** Richtig/falsch.
2. **Essen ist mir nicht so wichtig.** Richtig/falsch.
3. **Meistens wache ich auf, bevor der Wecker piepst.** Richtig/falsch.
4. **Im Flugzeug schlafe ich auch mit Schlafmaske und Ohrstöpseln nicht gut.** Richtig/falsch.
5. **Ich bin oft gereizt, weil ich müde bin.** Richtig/falsch.
6. **Ich mache mir übermäßige Sorgen wegen Kleinigkeiten.** Richtig/falsch.
7. **Ich oder mein Arzt glauben, dass ich zu wenig Schlaf bekomme.** Richtig/falsch.
8. **In der Schule waren mir meine Noten wichtig.** Richtig/falsch.
9. **Ich kann nicht schlafen, weil ich über die Vergangenheit oder die Zukunft nachgrübele.** Richtig/falsch.
10. **Ich bin perfektionistisch.** Richtig/falsch.

Wenn Sie bei *sieben* oder mehr dieser zehn Aussagen »richtig«
angekreuzt haben, sind Sie ein *Delfin* und können gleich zur
Auswertung (siehe S. 73) gehen. Ansonsten gehen Sie über zu
Teil 2.

Teil 2

Hinter jeder Antwort auf die folgenden Multiple-Choice-Fragen ist in Klammern die Punktzahl angegeben. Addieren Sie alle Punkte zu Ihrem persönlichen Ergebnis.

1. **Wenn Sie morgen nichts zu tun hätten und beliebig lange ausschlafen dürften, wann würden Sie aufwachen?**
   a) Vor 6.30 Uhr (1).
   b) Zwischen 6.30 Uhr und 8.45 Uhr (2).
   c) Nach 8.45 Uhr (3).

2. **Wenn Sie zu einem bestimmten Zeitpunkt aufstehen müssen, verwenden Sie dann einen Wecker?**
   a) Nicht nötig. Ich wache von selbst zur rechten Zeit auf (1).
   b) Ja, ich brauche einen Wecker und drücke maximal einmal auf Schlummertaste (2).
   c) Ja. Ich brauche einen Wecker mit mehrmaligem Weckton und vielen Wiederholungen, am besten noch einen zweiten (3).

3. **Wann wachen Sie am Wochenende auf?**
   a) Genauso wie während der Woche (1).
   b) 45 bis 90 Minuten um die übliche Zeit herum (2).
   c) Mindestens 90 Minuten nach der üblichen Zeit (3).

4. **Wie sind Ihre Erfahrungen mit dem Jetlag?**
   a) Ich habe auf jeden Fall damit zu kämpfen (1).
   b) Ich passe mich innerhalb von 48 Stunden an (2).
   c) Ich passe mich schnell an, besonders Richtung Westen (3).

5. **Was ist Ihre Lieblingsmahlzeit? (Hier geht es mehr um die Uhrzeit als um das Essen selbst.)**
   a) Frühstück (1).
   b) Mittag (2).
   c) Abendessen (3).

6. **Stellen Sie sich vor, Sie müssten für Ihre Ausbildung oder ein Studium eine Eignungsprüfung ablegen. Wann sollte dieser Test im Idealfall losgehen, damit Sie sich optimal konzentrieren können?**
   a) Frühmorgens (1).
   b) Am frühen Nachmittag (2).
   c) Am Nachmittag (3).

7. **Wenn Sie für intensives körperliches Training einen beliebigen Zeitpunkt wählen könnten, wann würden Sie es ansetzen?**
   a) Vor 8.00 Uhr (1).
   b) Zwischen 8.00 und 16.00 Uhr (2).
   c) Nach 16.00 Uhr (3).

8. **Wann sind Sie am wachsten?**
   a) Ein bis zwei Stunden nach dem Aufwachen (1).
   b) Zwei bis vier Stunden nach dem Aufwachen (2).
   c) Vier bis sechs Stunden nach dem Aufwachen (3).

9. **Stellen Sie sich vor, Sie müssen bei einem Fünf-Stunden-Tag eine Arbeitsschicht wählen. Welche würden Sie nehmen?**
   a) Von 4.00 bis 9.00 Uhr (1).
   b) Von 9.00 bis 14.00 Uhr (2).
   c) Von 16.00 bis 21.00 Uhr (3).

10. **Wie stufen Sie sich selbst ein?**
    a) Ich bin linkshirndominiert, also jemand, der strategisch und analytisch denkt (1).
    b) Ich denke mit beiden Gehirnhälften (2).
    c) Ich bin rechtshirndominiert, also jemand, der kreativ denkt und auf seine Intuition achtet (3).

11. **Halten Sie Mittagsschlaf?**
    a) Nein, nie (1).
    b) Ja, manchmal am Wochenende (2).
    c) Würde ich mittags schlafen, käme ich abends nie ins Bett (3).

12. **Wenn Sie zwei Stunden harte körperliche Arbeit vor sich hätten, zum Beispiel Möbelrücken oder Holzhacken, wann wäre für Sie der beste Zeitpunkt? Wann wäre es am leichtesten und am sichersten (und nicht nur möglichst schnell vorbei)?**
    a) Zwischen 8.00 und 10.00 Uhr (1).
    b) Zwischen 11.00 und 13.00 Uhr (2).
    c) Zwischen 18.00 und 20.00 Uhr (3).

13. **Welche Aussage bezüglich Ihrer Gesundheit trifft am ehesten zu?**
    a) »Ich treffe fast immer eine gesunde Wahl« (1).
    b) »Ich treffe manchmal eine gesunde Wahl« (2).
    c) »Ich habe Mühe, mich für die gesunde Variante zu entscheiden« (3).

14. **Wie stufen Sie Ihre Risikobereitschaft ein?**
    a) Gering (1).
    b) Mittel (2).
    c) Hoch (3).

15. **Welcher Typ sind Sie am ehesten?**
    a) Zukunftsorientiert mit großen Plänen und klaren Zielen (1).
    b) Ich weiß über die Vergangenheit Bescheid, blicke hoffnungsvoll in die Zukunft und bin bestrebt, in der Gegenwart zu leben (2).
    c) Gegenwartsorientiert. Wichtig ist, was sich jetzt gut anfühlt (3).

16. **Wie würden Sie sich als Schüler einstufen?**
    a) Überflieger (1).
    b) Solides Mittelfeld (2).
    c) Die Schule war mir nicht wichtig (3).

17. **Beim Aufwachen am Morgen …**
    a) … bin ich putzmunter (1).
    b) … brauche ich eine gewisse Anlaufzeit (2).
    c) … bin ich wie erschlagen, meine Lider wie aus Blei (3).

18. **Wie würden Sie Ihren Appetit innerhalb der ersten halben Stunde nach dem Aufwachen beschreiben?**
    a) Ich habe großen Hunger (1).
    b) Ich habe Hunger (2).
    c) Ich habe überhaupt keinen Hunger (3).

19. **Wie häufig haben Sie mit Schlafproblemen zu kämpfen?**
    a) Selten, nur wenn ich mich an eine neue Zeitzone anpassen muss (1).
    b) Manchmal, in schwierigen Zeiten oder bei viel Stress (2).
    c) Immer wieder. Das kommt schubweise (3).

20. **Sind Sie insgesamt mit Ihrem Leben zufrieden?**
    a) Ja, sehr (1).
    b) Ja, durchaus (2).
    c) Nein, nicht besonders (3).

Punktzahl:
20 bis 32: Löwe
33 bis 47: Bär
48 bis 60: Wolf

Die Auswertung

Löwe: Der Löwe ist ein absoluter Frühmensch. Er wird oftmals schon vor Sonnenaufgang wach und ist dann auch ohne Kaffee sofort einsatzfähig. Es fällt ihm nicht schwer, direkt nach dem Aufstehen erst einmal eine Runde joggen zu gehen, anschließend beginnt er meist schon mit seiner Arbeit. Weil der Löwe weiß, dass er sein Leistungshoch am Vormittag hat, legt er sich seine Termine so früh wie möglich. Sein Vorsprung wird ihm dann ab dem frühen Nachmittag zum Nachteil, denn von da an sinkt sein Energielevel nach

Löwen sind Macher und Führungskräfte.

und nach ab. Meist geht der Löwe sehr früh ins Bett und schläft auch schnell ein.

15 bis 20 Prozent der Bevölkerung gehören laut Dr. Breus zu diesem Chronotypen. Es handelt sich um analytische, antriebsstarke Optimisten aus der Gruppe der Macher und Führungskräfte.

Was dem Löwen hilft: Löwen neigen zu Frühsport. Besser nicht. Nach dem Aufstehen bietet sich ein ordentliches Frühstück sehr viel besser an. Außerdem sollten Löwen versuchen, am späten Vormittag einen kleinen Imbiss einzulegen und dafür ihr Mittagessen möglichst weit nach hinten zu verschieben. Sport dann am Nachmittag. Auf diese Weise verlängert sich die Aktivitätsspanne des Löwen. Und sein abendlicher Energieverlust ist nicht ganz so drastisch.

Bär: Der Bär orientiert sich in seinem Schlafrhythmus stark an dem Lauf der Sonne. Geht sie auf, wird er wach. Geht sie unter, wird er müde. Wenn der Bär schläft, dann schläft er. Er wird nicht mitten in der Nacht wach. Aber der Bär ist nicht nur ein guter, er ist auch ein langer Schläfer. Er braucht seine acht Stunden Regenerationszeit, sonst bekommt er schlechte Laune. Sein Leistungshoch hat der Bär meist am späten Vormittag, je weiter der Tag voranschreitet, desto schlechter wird seine Leistung. Insgesamt verfügt dieser Chronotyp aber durchgängig über ein relativ stabiles Energieniveau. Laut Breus gehören die Hälfte der Menschen dem Typus Bär an.

Der Bär hat ein stabiles Energieniveau.

Was dem Bären hilft: Der typische Bär steht in der Regel gegen 7.00 Uhr auf. Vormittags sind Bären besonders konzentriert. In dieser Zeit sollten sie komplexe

Aufgaben erledigen und sich nachmittags

eher den kreativeren To-dos widmen. Gegen 18.00 Uhr wäre der ideale Zeitpunkt für eine Runde Sport. Achtung: Bären neigen dazu, spätabends noch einmal zu einem Snack zu greifen. Das sollten sie sich verkneifen. Es stört den Schlaf.

Wolf: Wenn der Löwe aufwacht, geht der Wolf meist erst schlafen. Der Wolf ist ein Nachtmensch. Wenn die Routine des Alltags für ein paar Stunden aufgehoben wird und die Maschinerie, die das Leben taktet, anhält, hat er seine kreativsten und produktivsten Phasen. Je

Der Wolf ist ein Nachtmensch.

später er in den Tag starten kann, desto besser geht es ihm. Sein erstes Leistungshoch hat er am späten Vormittag, zu absoluten Höchstleistungen fährt er am Abend auf.

Die Wölfe charakterisiert Breus als einfühlsame, extravertierte und kreative Menschen. Unter ihnen befinden sich viele Künstler und Schriftsteller. 15 bis 20 Prozent der Bevölkerung weisen diesen Chronotyp auf.

Was dem Wolf hilft: Der Wolf braucht ein wenig Anlaufzeit. Darum sollte er seinen Wecker zwanzig Minuten vor der eigentlichen Aufstehzeit klingeln lassen. Seinem Verlangen nach Kaffee sollte er nicht vor 11.00 Uhr nachgeben. Besonders wichtig für Wölfe: Alle technischen Geräte mit einem hohen Blau-

lichtanteil sollten sie bereits eineinhalb Stunden vor dem Schlafengehen beiseitelegen – und möglichst nicht später als Mitternacht das Bett aufsuchen.

Delfin: Der letzte von Breus identifizierte Chronotyp ist der Delfin. So sprunghaft, wie Delfine sich an der Meeresoberfläche bewegen, so sprunghaft ist auch der Schlafrhythmus des

Delfine sind die Perfektionisten unter den Chronotypen.

entsprechenden Chronotyps. Delfine sind sehr schlechte Schläfer. Wenn sie ins Bett gehen, liegen sie oftmals noch lange wach und denken über den vergangenen Tag nach. Sie sorgen sich um das, was noch kommen wird, haben einen unruhigen Schlaf und wachen in der Nacht oft auf. Entsprechend schlecht gelaunt sind sie am Morgen. Der Delfin quält sich durch den Tag, hat sein erstes Leistungshoch erst am Nachmittag und ein zweites am Abend. Delfine sind meist sehr perfektionistische Menschen, die vieles durchdenken. Breus zählt zehn Prozent der Bevölkerung zu diesem Chronotypen.

Was dem Delfin hilft: Wenn Delfine morgens nach dem Aufstehen eine Runde Sport treiben, kommen sie schneller auf Touren. In Kombination mit einem proteinreichen Frühstück wird der Delfin seinen Vormittag besser nutzen können. Auch Routine ist wichtig: Delfine sollten besonders darauf achten, jeden Tag zur gleichen Zeit den Wecker zu stellen und zur gleichen Zeit ins Bett zu gehen. Aber keinen Mittagsschlaf halten, um so den abendlichen Schlafdruck zu erhöhen. Außerdem sollten sie so früh wie möglich alle elektronischen Geräte ausschalten und intensive abendliche Sporteinheiten vermeiden – damit sie genügend Zeit haben, zur Ruhe zu kommen.

Die Mechanik der inneren Uhr

Was genau macht nun also die *innere Uhr?* Steuert sie unseren Körper? Gewissermaßen ja. Aber nicht direkt. Sie ist mehr für die Koordination unserer einzelnen Körperfunktionen zuständig. Die innere Uhr schüttet keine Hormone aus. Aber sie sagt unserem Stoffwechsel, dass er das tun soll. Und zwar zu einem von ihr definierten Zeitpunkt.

Die innere Uhr muss das gesamte *Schlaf-Wach-Verhalten* des Menschen regulieren, also auch die Stoffwechselvorgänge. Wenn wir schlafen, sind wir acht Stunden nüchtern, das heißt, der Körper muss den Stoffwechsel umstellen. Alle Zellen in unserem Körper, ob in der Leber, im Herz, im Gehirn, in den Muskeln oder in der Haut, haben innere Uhren. Und die müssen aufeinander abgestimmt werden, damit der Stoffwechsel optimal ablaufen kann.

Unsere Hauptuhr im SCN stellt also einen Gesamtplan auf, an den sich die anderen Uhren jeweils halten. Sie taktet unser gesamtes System, sodass sich die Zellen und die Organe

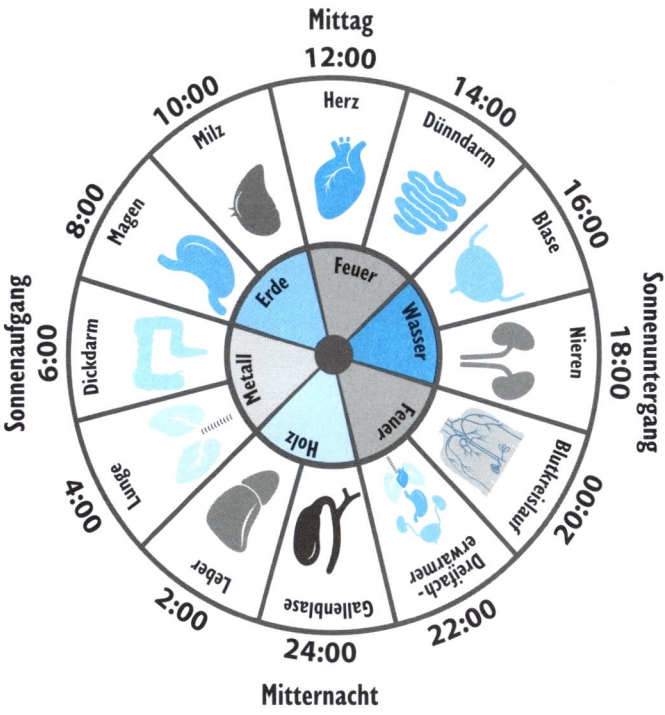

Die Organuhr der Traditionellen Chinesischen Medizin (TCM)

untereinander und aufeinander abstimmen können. Damit die Organe ihre Funktionen in eine sinnvolle Reihenfolge bringen. Auf diese Weise kann der Körper die für den kommenden Tag notwendigen Aufgaben gewissermaßen planen. Planung ist gut, denn wenn etwas gut geplant ist, werden keine unnötigen Ressourcen verbraucht. Und dass der Körper einen sehr genauen Plan für seine gesamten Bestandteile hat, das weiß die Traditionelle Chinesische Medizin (TCM) schon seit Jahrhunderten. Dort kennt man die *Organuhr*, wonach jedes Organ seine Arbeits- und Ruhezeiten zwischen Sonnenaufgang und Sonnenuntergang hat.

So berichten Chronobiologen beispielsweise, dass akute Verengungen der Herzkranzgefäße besonders häufig zwischen 4.00 und 6.00 Uhr auftreten, Menschen mit Herzinfarkt und Schlaganfall zwischen 8.00 und 12.00 Uhr in die Notambulanz eingeliefert werden und Asthma überwiegend eine nächtliche Erkrankung ist, da in dieser Zeit die Bronchien besonders empfindlich auf Reize reagieren.[2] Wir sehen: Die Intervalle des Körpers zu kennen hat einen ganz praktischen Nutzen für den Tagesablauf. Doch wenn man die Bedeutung der Intervalle verstehen will, dann müssen wir auch die Bedeutung unseres Schlafs begreifen.

11. SOMNOLOGIE

Die Bedeutung des Schlafs

Es ist so weit. Zum ersten Mal wird das Thema »Schlaf« im *Health Report 2020* des Zukunftsinstituts zu einem der wichtigsten, kommenden Trends ernannt. »Das Thema Schlaf wird die Gesundheitswelt der Zukunft bestimmen«, heißt es in dem Bericht.[3] Das, was Menschen heute unter Gesundheit und Wohlbefinden verstehen, würde sich zu gleichen Teilen aus einem selbstbestimmten Arbeitsleben, einem erfüllten Privatleben und einem regelmäßigen, erholsamen Schlaf zusammensetzen. Hier haben wir sie wieder, die Work-Life-Balance. Auch wenn wir lieber von *Work-Leisure-Balance* sprechen. Nur ergänzt um einen weiteren wesentlichen Aspekt, der für unsere Intervalle von größter Bedeutung ist: den Schlaf. Es gebe bereits zahllose Produkte und Dienstleistungen, Apps und Beratungsangebote rund um das Thema »Regeneration«, die eine Optimierung des Schlafs versprechen, beschreibt der Bericht weiter.

Schlaf - das künftige Thema der Gesundheitswelt

In Japan geht der Trend der *Work-Life-Sleep-Balance* so weit, Boni für ausgeschlafene Mitarbeiter zu vergeben. Arbeitgeber belohnen ihre Arbeitnehmer dafür, wenn sie eine bestimmte Schlafdauer auf einen Monat verteilt erreicht haben. Mit einer App wird der Schlaf der Menschen gemessen, und dann kann man die Schlafstunden gegen Essensmarken für die Kantine oder gegen Geld eintauschen. Pro Jahr kommen so für den angepassten japanischen Angestellten umgerechnet um die 500 Euro zusammen.[4] In Deutschland wäre das bei unserer Einstellung zur Datenschutzgrundverordnung (DSGVO) wohl kaum möglich.

Es war ein langer Weg dorthin. Denn auch wenn der Schlaf für den Menschen schon immer ein faszinierender Zustand war, so blieb er für die Wissenschaft doch über viele Jahrhunderte hinweg uninteressant. Erst in den 1960er-Jahren entwickelte sich neben der Chronobiologie auch die Schlafforschung. *Somnologie* lautet der Oberbegriff dafür (lat. *somnus* [Schlaf]).

Wahrscheinlich haben auch Sie schon einmal darüber nachgedacht, was für ein merkwürdiger Zustand der Schlaf doch eigentlich ist. Im Schlaf beginnt der Mensch zu träumen. Im Schlaf eröffnet sich ein ganz neuer Realitätszustand. Schon in der Antike beschäftigte das die Menschen. Der griechische Philosoph Aristoteles (385–323 v. Chr.) veröffentlichte etwa im Jahr 350 v. Chr. seine Schrift *Über Schlafen und Wachen,* die im Lateinischen den Titel *De somno et vigilia* trug. Es war die erste theoretische Auseinandersetzung mit dem Thema. Aristoteles war ein Verfechter des dualistischen Prinzips. Er war sich sicher, dass die gesamte menschliche Existenz von Gegensätzlichkeiten bestimmt ist. Licht und Schatten. Gut und Böse. Schönheit und Hässlichkeit. Gesundheit und Krankheit. Und eben: Schlafen und Wachen. Entsprechend stellte Aristoteles fest: »Schlaf ist offensichtlich das Nichtvorhandensein des wachen Zustandes.« Der Wachzustand ist laut Aristoteles geprägt von Funktionstüchtigkeit. Der Zustand des Schlafens hingegen ist geprägt von dem Verlust der Funktionstüchtigkeit. Aber warum wird der Körper funktionslos? Warum wird er für eine gewisse Zeit stillgelegt? Aristoteles hat hier eine Theorie: Er glaubt, dass der Mensch im Zustand des Schlafs die zu sich genommene Nahrung verdaut. Wenn dieser Prozess beendet ist, wacht er wieder auf.

Schlafen und Wachen als Polaritäten

Die Entdeckung
der fünf Schlafphasen

Im Laufe der folgenden Jahrhunderte arbeitete die Medizin diese These weiter aus, blieb aber der Kernvorstellung von Aristoteles treu, dass der Schlaf bloß eine Erholungsphase für den menschlichen Organismus wäre. Eine Phase, in der sich das Gehirn herunterfährt und die Aktivitäten auf ein Minimum beschränkt. Erst im 19. Jahrhundert begann man, diese

Die ersten Schlaflabore entstanden Ende der 1960er-Jahre.

Theorie infrage zu stellen. Wenn doch schon ein leichtes Geräusch reicht, um jemanden zu wecken, wie kann das Gehirn denn dann abgeschaltet sein? Irgendwie muss es ja noch eine Verbindung mit der äußeren Welt geben. Man begann also, erste Versuche zu machen und der Frage um den »merkwürdigen Zustand« nachzugehen und ihn besser zu erforschen. Einen Quantensprung in der Schlafforschung gab es allerdings erst in den 1950er-Jahren. In dieser Zeit begann man mit einer systematischen Untersuchung. Ende der 1960er-Jahre wurde das erste *Schlaflabor* in Kalifornien eröffnet. Dort untersuchte man den Schlaf von Probanden ganz systematisch. Mit Elektroden maß man die Augenbewegungen, die Muskelspannung und die Gehirnströme der Probanden. Schnell fand man heraus, was Sie sich jetzt wahrscheinlich bereits gedacht haben: Nein, Schlaf ist nicht einfach nur Schlaf. Denn auch der Schlaf verläuft nach eigenen Intervallen.

Nach zahlreichen Versuchen haben Wissenschaftler *fünf verschiedene Schlafphasen* identifiziert: die Einschlafphase, die Leichtschlafphase, der Übergang zur Tiefschlafphase, die Tiefschlafphase selbst und die sogenannte REM-Phase. Diese fünf Phasen werden innerhalb von neunzig Minuten durchlaufen. Zwischen diesen Phasen befinden sich kurze Pausen.

Anschließend wiederholen sie sich, allerdings ohne die Einschlafphase. Aber der Reihe nach:

- In der ersten Phase, der *Einschlafphase*, beginnt der Körper, sich langsam zu entspannen, die Muskulatur beruhigt sich, die Gedanken werden immer weniger. Allerdings: Äußere Reize werden noch wahrgenommen, sodass man sehr leicht wieder geweckt werden kann.
- Die Einschlafphase ist ein Zwischenstadium, in dem man Ruhe findet und langsam in die zweite Phase gleitet, in das *Leichtschlafstadium*. Ab hier schläft man wirklich, was sich daran messen lässt, dass es keine rollenden Augenbewegungen mehr gibt. Dies ist eine Phase des oberflächlichen Schlafs, in der sich nun Atem- und Herzfrequenz verlangsamen und die Körpertemperatur absinkt. Wird man in der Leichtschlafphase geweckt, denkt man oftmals, dass man noch gar nicht wirklich geschlafen hätte.
- In der dritten und vierten Phase, dem Übergang zur *Tiefschlafphase* und der Tiefschlafphase selbst, die oftmals zusammengefasst werden, weil sie einen fließenden Übergang beschreiben, schaltet der Körper endgültig auf Stand-by. Die Körpertemperatur und der Blutdruck sinken, die Atemfrequenz und der Herzschlag verlangsamen sich, es finden weiterhin keine Augenbewegung statt. Die Muskulatur ist vollständig entspannt. Man spricht vom Tiefschlaf, da der Schläfer nun sehr schwer aufzuwecken ist. Diese Phase des Schlafs ist besonders ausschlaggebend für einen erholsamen Schlaf. Es werden Wachstumshormone ausgeschüttet, und Zellteilung findet statt. Der Körper regeneriert sich.

  Der Tiefschlaf ist besonders ausschlaggebend für einen erholsamen Schlaf.

- Die fünfte Phase schließlich ist die *REM-Phase*. REM steht für *Rapid Eye Movements*, also schnelle Augenbewegungen unter den Lidern, die für diese Phase bezeichnend sind. Im REM-Schlaf beginnt der Mensch auch, plastisch und intensiv zu träumen. In diesem Zustand ist das Nervensystem besonders aktiv. Es erschlaffen gleichzeitig sämtliche Muskeln. Man nennt diese REM-Atonie auch »*Schlafparalyse*« (beziehungsweise »Schlafstarre« oder »-lähmung«). Vielleicht kennen Sie das häufig auftretende Muskelzucken, das oft während der Einschlafphase auftritt? Im REM-Schlaf ist dieses nicht mehr möglich. Man ist nahezu gelähmt. Wird man in diesem Zustand wach, kann es passieren, dass man sich zunächst tatsächlich nicht bewegen kann, weil der Geist zwar wach, der Körper aber noch einige Sekunden im Schlafzustand »gefangen« ist.

Die Abfolge der Schlafphasen dauert etwa neunzig Minuten und wiederholt sich während des Schlafs immer wieder aufs Neue. Allerdings verändert sich der Ablauf der Phasen im Laufe der Nacht. In der ersten Nachthälfte überwiegt der Tiefschlaf, während Sie in der zweiten Nachthälfte mehr REM-Schlaf erleben. Die REM-Phasen nehmen also während des Schlafens zu.

Diese sogenannte *Schlafarchitektur* wurde von dem bereits genannten Schlafforscher Nathaniel Kleitman entdeckt.[5] Vereinfacht gesagt gibt es eine klare, sich wiederholende Abfolge zwischen entspannten Ruhigschlafphasen sowie den aufreibenden Traum-REM-Phasen, in denen ein chaotischer Zustand dominiert.

Der Basis-Ruhe-Aktivitäts-Zyklus (BRAC)

Kleitman nannte diesen Intervallzyklus den »*BRAC*« *Zyklus:* den *Basic Rest Activity Cycle.* Zu Deutsch: den Basis-Ruhe-Aktivitäts-Zyklus. Dieser Rhythmus lässt sich auch auf unsere Wachphasen übertragen. Wir erleben eine circa neunzigminütige Aktivierungsphase, der eine rund zehn- bis zwanzigminütige Deaktivierungsphase folgt, dann kommt wieder eine circa neunzigminütige Aktivierungsphase, gefolgt von einer längeren, etwa 45-minütigen inaktiven Phase:

- Die *Aktivierungsphase* ist geprägt von Kraft, Stärke, Selbst- bewusstsein und Entscheidungsfreude. Sie fühlen sich gut. Sie fühlen sich fit. Sie fühlen sich aktiv.
- Sobald diese Phase endet, beginnt die *Deaktivierungs-* oder *Regenerationsphase.* Sie manifestiert sich in Gähnen, Seuf- zen, Abwesenheit, Schläfrigkeit und Tagträumen. Und in Bezug auf die Arbeitswelt spüren Sie das an der Senkung der Konzentration. Das Problem: Die meisten Menschen quälen sich durch diese Phasen durch. Sie versuchen sie beispielsweise mit Kaffee oder anderen Stimulanzien zu überlagern. Das hat jedoch zur Folge, dass wir unsere Ener- giereserven verbrauchen und unser Körper-Seele-Gleich- gewicht in Unordnung bringen. Ein klassischer Burn-out ist die mögliche Konsequenz, wenn man nicht auf die natürlichen Intervalle seines Körpers hört.

Wir werden im weiteren Verlauf des Buches noch sehr genau darauf eingehen, wie Sie das Wissen um diesen Zyklus nutzen können, um Ihre Aktiv- und Regenerationsphasen perfekt zu nutzen.

BRAC in der Praxis – ein Selbstversuch

Im Januar 2020 wollten wir die BRAC-Rhythmen einmal selbst testen. Wir begannen gerade mit den Arbeiten an un- serem Buch, und unsere Schreibtische waren absolut über- laden mit Unterlagen, Studien und Papieren. Silvia stand auf und machte sich um 9.00 Uhr an die Arbeit. Nebenbei hatte sie sich eine Timeline vorbereitet. Laut der Theorie wäre demnach die folgende Rhythmik der ideale Arbeits-Pause-Wechsel:

Aktive Phase (90 Minuten): 9.00–10.30 Uhr
Pause (20 Minuten): 10.30–10.50 Uhr
Aktive Phase (90 Minuten): 10.50–12.20 Uhr
Pause (40 Minuten): 12.20–13.00 Uhr
Aktive Phase (90 Minuten): 13.00–14.30 Uhr
Pause (20 Minuten): 14.30–14.50 Uhr
Aktive Phase (90 Minuten): 14.50–16.20 Uhr
Pause (40 Minuten): 16.20–17.00 Uhr
Aktive Phase (90 Minuten): 17.00–18.30 Uhr
Feierabend

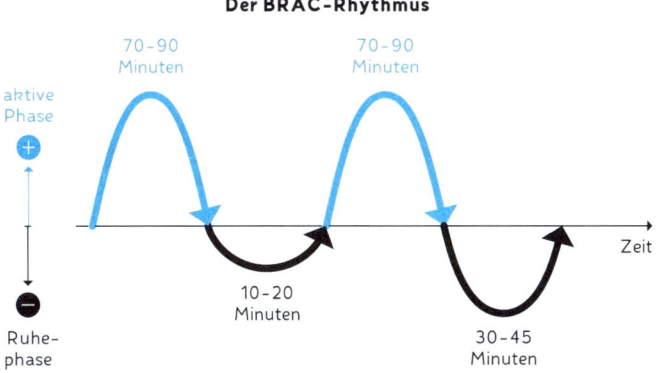

Der Basis-Ruhe-Aktivitäts-Zyklus (BRAC) nach Kleitman

Doch wie sah die Arbeit in der Realität aus? Die erste aktive Phase sowie die erste aktive Pause habe sie ganz nach Plan gemacht, berichtet Silvia. Die zweite aktive Phase war aber so ergiebig, dass sie die Timeline über Bord geworfen und überzogen hat. Die nächste Pause baute sie dort ein, wo es für sie passte. Bei der dritten aktiven Phase musste sie stark mit sich kämpfen, um an den Schreibtisch zurückzukehren. Der Übergang aus der Pause in die Aktivität fiel extrem schwer. Der Kopf machte nicht auf Anhieb mit, sie hatte spürbare Anlaufschwierigkeiten. Doch nach einer gewissen Zeit kam sie wieder rein. Die nächste Pause ignorierte sie komplett, arbeitete konzentriert weiter und unterbrach erst wieder, als sie starke Müdigkeit verspürte, kehrte danach zum Schreibtisch zurück und vollendete das geplante Kapitel. Sie schaute auf die Uhr – und staunte nicht schlecht. Es war 18.20 Uhr. Der Körper und sein Rest-Activity-Cycle arbeiteten rhythmisch mit einer Toleranz von plus/minus zehn Minuten.

Ob man es will oder nicht: Unsere Aktivitäts- und Erholungsphasen wechseln sich mit erstaunlicher Genauigkeit rhythmisch ab. Es ist höchst individuell. Jeder hat seine eigenen Phasenfenster. Man muss nicht einmal auf die Uhr schauen, sondern einfach nur dem Rhythmus folgen und der leichten Müdigkeit nachgeben, Pause machen und dann wieder energiegeladen ans Werk gehen. Nichts erzwingen. Wenn man mit dem Körper arbeitet, ihm vertraut, sendet er Signale, die uns ganz automatisch helfen, den Tagesablauf zu strukturieren.

Probieren Sie es gern einmal selbst aus. Und wem die BRAC-Methode nicht zusagt, der kann auch gern auf die *Pomodoro-Technik* zurückgreifen, die der Italiener Francesco Cirillo in den 1980er-Jahren entwickelt hat.[6] *Pomodoro* ist das italienische Wort für »Tomate« und eine kleine Küchenuhr in Tomatenform, und die kann man, sollte man so etwas noch besitzen, anstelle eines Handytimers als Tool benutzen. Die Taktung bei der Pomodoro-Technik besteht aus fünf Arbeitsphasen à 25 Minuten, durchbrochen von vier Pausen à fünf Minuten. Die letzte Pause dauert dann 15 Minuten, und der Zyklus beginnt erneut. Man nennt die Methode auch *Timeboxing*.

Schlaf als Detox

Wussten Sie, dass der Schlaf auch eine Art Detox für das Gehirn ist? Wirklich wahr! Während des Schlafs spült eine Flüssigkeit, der Liquor, das Gehirn einmal durch. Es gibt eine Art Gehirnwäsche. Aus Studien ist bekannt, dass Hirnflüssigkeit toxische Eiweiße aus den grauen Zellen spülen kann, die der Gedächtnisleistung schaden können.

12. DAS GANZE LEBEN
IST RHYTHMUS

Annalena schaut in den Spiegel und holt tief Luft. Sie ist mittlerweile frisch geduscht, geschminkt und fertig angezogen. »Morgens«, denkt sie sich beim Blick in den Spiegel, »morgens ist der Mensch eine bessere Version seiner selbst. Man ist frisch und auf den Tag vorbereitet, der einen dann nach und nach abnutzt. Außer Dennis. Der ist morgens meistens einfach nur unerträglich.« Sie lächelt. 9.35 Uhr. Sie hat noch ein paar Minuten, bevor sie die Wohnung verlässt, und stellt sich noch einmal vor ihr Küchenfenster mit dem schönen Ausblick. Ihr Mann ist bereits gefahren. In der Hand hält sie noch eine Tasse Kaffee.

Die Stadt ist mittlerweile aufgewacht. Aus dem mystisch-orangen Licht nach Sonnenaufgang ist nun strahlender Sonnenschein geworden. Sie sieht, wie die Menschen durch die Straßen laufen. Von hier oben sieht es aus wie auf einem Wimmelbild. Eine S-Bahn hält quietschend an. Menschen steigen aus. Menschen steigen ein. Eine Gruppe Schulkinder überquert die Straße. Eine alte Frau schließt den kleinen Tante-Emma-Laden auf der gegenüberliegenden Straßenseite auf, der sich wundersamerweise noch immer halten kann. Ein Postbote fährt auf seinem Fahrrad mit dem gelben Kasten von Haus zu Haus.

Annalena lässt ihren Blick ein wenig unscharf werden, sodass sie die Menschen und die Fahrzeuge nicht mehr genau sieht, sondern nur noch ihre Schemen erkennt. Alles ist jetzt in Bewegung. Und alles scheint

Alles folgt einem natürlichen Rhythmus.

irgendwie einer inneren gleichmäßigen Logik zu folgen. Rhythmus. Der Gedanke lässt sie nicht mehr los. *Alles folgt einem natürlichen Rhythmus.* Nicht nur ihr Leben. Nicht nur das Leben ihres Mannes. Oder ist es nur eine Frage der Frequenz? Einer viel zu hohen Frequenz, die nicht zu ihrem eigentlichen Leben passt? Geht alles viel zu schnell oder viel zu chaotisch? Die ganze Stadt, ach was, die ganze Welt hat einen eigenen Rhythmus. Jetzt kann sie es erkennen. Von hier oben, von ihrem Fenster zur Welt.

13. WELCHE FUNKTION HABEN
UNSERE INTERVALLE?

Wir haben nun also gesehen, dass das gesamte Leben nach Intervallen ausgerichtet ist. Völlig egal, ob wir wach sind oder schlafen, unser Körper folgt eigenen Rhythmen. Aber warum eigentlich? Ergibt das einen Sinn? Aber ja. Chronobiologen sind sich sicher: Die *Intervalle* sorgen dafür, dass der Mensch gesund bleibt. Die biologischen Rhythmen stabilisieren die Funktion des Organismus und unterstützen ihn bei Regeneration und Gesundung. Hierzu werden die Frequenzen sämtlicher Rhythmen, die in komplexer Weise miteinander verschränkt sind, aufeinander abgestimmt. Diese *Synchronisierung* erfolgt im entspannten Zustand des Organismus, bevorzugt während des Schlafs. Was passiert also, wenn die biologischen Rhythmen gestört sind? Dann fehlt dem Organismus die Fähigkeit, sich zu regenerieren. Der Mensch gerät aus dem Gleichgewicht. Physisch und psychisch.

Unser Körper folgt eigenen Rhythmen. Intervalle sorgen für unsere Gesundheit.

Im Interview mit dem renommierten Chronobiologen Prof. Dr. Thomas Kantermann sprechen wir über die *Folgen gestörter Rhythmen.* Doch woran erkennen wir sie? Es gibt tatsächlich körperliche wie seelische Alarmsignale, die deutlich darauf hinweisen, dass Sie nicht im Einklang mit sich selbst sind. Sind Sie oft verspannt? Kommen Sie kaum noch zur Ruhe? Im Gespräch hat uns der Chronobiologe eine Checkliste zusammengestellt. Je mehr der folgenden Aussagen auf Sie zutreffen, desto wahrscheinlicher ist es, dass Sie aus dem Takt geraten sind:

- ☐ Sie haben Probleme, erholsamen Schlaf zu finden.
- ☐ Sie haben Probleme, ausreichend langen Schlaf zu finden.
- ☐ Sie sind körperlich und mental ermüdet.
- ☐ Sie leiden unter Aufmerksamkeitsproblemen (ggf. mit vermehrten Unfällen).
- ☐ Sie verspüren depressive Verstimmungen oder Angstzustände.
- ☐ Sie haben Probleme mit dem Herz-Kreislauf-System.
- ☐ Sie haben Gewichtsschwankungen bzw. an Gewicht zugenommen.
- ☐ Sie verspüren körperliche Verspannungen.
- ☐ Sie haben das Gefühl eines ständigen Jetlags.

Intervall-Skill

Das chronobiologische Grundprinzip der Kreativität ist nicht die Geschwindigkeit – wie zuweilen angenommen wird –, sondern der Rhythmus.
Rhythmus-Management ist das neue Zeitmanagement.
Das geht unter anderem aus den Studien des Fraunhofer-Instituts über unzureichende Zeithygiene hervor.[7]

Wir sehen: *Je mehr unser Körper im Einklang mit seinen natürlichen Intervallen ist,* je mehr unser Körper seiner inneren Uhr gehorcht, *desto besser geht es uns.* Und umgekehrt: Je mehr wir aus dem Takt sind, desto schlechter, müder und ausgebrannter sind wir. Es wird nun also Zeit, darüber zu sprechen, wie es uns gelingen kann, unser Leben wieder mit unserer Biologie in Einklang zu bringen.

Teil 3

DIE INTERVALL-WOCHE IN DER PRAXIS
ODER
BOSS SEINES LEBENS WERDEN

14. DER GROSSE
INTERVALLTYPEN-TEST

Bevor wir nun mit der BOSS-Methode starten, sollten Sie zunächst einmal herausfinden, welchem Intervalltyp Sie entsprechen. Dazu haben wir den großen Intervalltypen-Test konzipiert und uns dabei an der Abfolge der biologischen vegetativen Systeme orientiert. Der Test gibt an, wie gut in uns Menschen der Wechsel und die Frequenz von *Aktivität (Sympathikus)* und *Passivität (Parasympathikus)* vonstattengehen und wann wir uns im Kampf- *(Fight or Flight)* oder Ruhe- und Regenerationsmodus *(Rest and Digest)* befinden. Der Test ist in fünf Bereiche aufgeteilt: Gesundheit, Wohlbefinden, Schlaf, Sinn und Zielsetzung. In allen Bereichen werden Ihnen Fragen gestellt:

- Wie sehr bringt Ihre Arbeit Sie an Ihre körperlichen Grenzen?
- Wie müde sind Sie nach der Arbeit?
- Wie hoch ist Ihre Eigenmotivation, morgens aufzustehen, zu Ihrem Unternehmen zu fahren und sich auf Ihre Tätigkeit zu besinnen?

Sie müssen diese Fragen nicht konkret beantworten, sondern lediglich eine Tendenz im Rahmen einer vorgegebenen Skala angeben. Diese Skala bewegt sich zwischen zwei extremen Polen. Kreuzen Sie einfach an, wo Sie sich zwischen den beiden Extremen am ehesten einordnen würden, und addieren Sie schließlich die Punkte, die Sie erhalten. Das Ergebnis spiegelt Ihren ganz *persönlichen Intervalltyp* wider.

Hinweis: Seien Sie bei der Beantwortung ehrlich zu sich selbst, nur so können Sie Veränderungspotenziale erkennen.

Ermitteln Sie Ihren Intervalltyp

Gesundheit und Job

Gesundheit	(0 Punkte)	(1 Punkt)	(2 Punkte)	(3 Punkte)	
Meine Arbeit bringt mich körperlich und mental an Grenzen.					Meine Arbeit sorgt für den Erhalt meiner Gesundheit.
Meine Arbeit belastet mich.					Meine Arbeit gibt mir Energie.
Die Zeit reicht nicht, Sport zu treiben oder etwas anderes für meine Gesundheit zu tun.					Ich habe immer genug Zeit für Sport und andere Dinge, die meiner Gesundheit guttun.
Ich mache viel zu viele Überstunden – das zehrt an meinen Kräften.					Ich zähle die Überstunden nicht, weil die Übergänge zur Freizeit fließend sind.
Summe 1 der Punkte:					

Wohlbefinden und Job

Wohlbefinden	(0 Punkte)	(1 Punkt)	(2 Punkte)	(3 Punkte)	
Ich habe das Gefühl, übermäßig viel zu arbeiten.					Ich habe genug Zeit für mich.
Ich fühle mich antriebslos und genervt wegen meiner vielen Arbeitsthemen.					Die meisten meiner Tätigkeiten motivieren und begeistern mich.
Ich bin meist überanstrengt durch zu viel Arbeit und Überstunden.					Wenn ich viel zu tun habe, gehe ich mit Engagement an meine Aufgaben heran.
Wenn ich erreichbar sein muss oder überraschend arbeiten soll, setzt mich das unter Druck.					Klar kann man mich jederzeit erreichen, und ich helfe gern aus, wenn man mich braucht.
Summe 2 der Punkte:					

Schlaf und Job

Schlaf	(0 Punkte)	(1 Punkt)	(2 Punkte)	(3 Punkte)	
Ich muss mir den Wecker stellen und kann nicht ausschlafen, weil dies meine Arbeit verlangt.					Ich habe einen erholsamen Schlaf und stehe in der Regel ohne Wecker auf.
Nach der Arbeit bin ich immer müde.					Nach der Arbeit bin ich immer noch fit.
Wenn es Probleme bei der Arbeit gibt, schlafe ich meist schlecht ein.					Egal, welche Probleme bei der Arbeit auch entstehen, ich kann immer gut einschlafen.
Die Arbeit ermüdet mich, aber ich kämpfe mich durch bis zum Feierabend.					Ich nehme mir eine Auszeit auch während des Arbeitsta-ges, wenn ich das Gefühl habe, das zu brauchen.
Summe 3 der Punkte:					

Sinn und Job

Sinn	(0 Punkte)	(1 Punkt)	(2 Punkte)	(3 Punkte)	
Ich brauche das Geld und die Sicherheit, deshalb mache ich den Job.					Meine Tätigkeit erfüllt mich und stärkt meine Identität.
Ich weiß, dass mein Job hart ist und mir das, was ich mache, nicht guttut.					Ich habe genau den Job, der meinen Stärken entspricht und mich motiviert.
Es allen recht und dabei keine Fehler zu machen – das setzt mich unter Druck.					Ich liebe, was ich tue, und kann mich auf meine Fähigkeiten und auf andere verlassen.
Ich bin antriebs-los und muss mich selbst motivieren – das geht nur, weil ich weiß, dass ich für meine Aufgaben verantwortlich bin.					Ich habe genug Eigenmotivation und biete mich deshalb gern für neue Aufgaben an.
Summe 4 der Punkte:					

Zielsetzung und Job

Zielsetzung	(0 Punkte)	(1 Punkt)	(2 Punkte)	(3 Punkte)	
Ich habe die Hoffnung auf-gegeben, dass ich im Job Karriere machen kann.					Ich freue mich darauf, in meinem Job noch viel zu erreichen, zu optimieren und zu verändern.
Früher war bei der Arbeit alles besser.					Ich weiß, dass ich in der Zukunft fantastische Aufgaben erhalten werde.
Ich weiß, dass ich etwas ändern sollte, um mehr Lebenszufrie-denheit zu haben.					Ich bin super zufrieden in meinem Leben mit dem, was ich tue und erreicht habe.
Ich habe kein Ziel und keine Herausforde-rung mehr bei dem, was ich tue.					Ich erlebe fast täglich neue Herausfor-derungen und setze mir Ziele, die für mich erstre-benswert sind.
Summe 5 der Punkte:					

Max. 60 Punkte möglich (5 Kategorien à 4 Fragen, 0–3 Punkte)

Zur Auswertung:

Übertrag der Summen 1–5					
Summe 1:		Summe 2:		Summe 3:	
Summe 4:		Summe 5:		Gesamt:	

Ergebnis:
0–15 Punkte – **Intervalltyp I:**
Der Intensive mit Verantwortung

Aktivität (Fight or Flight)   versus   **Ruhe und Regeneration (Rest and Digest)**

16–32 Punkte – **Intervalltyp T:**
Der Traditionelle mit Sicherheit

Aktivität (Fight or Flight)   versus   **Ruhe und Regeneration (Rest and Digest)**

33–48 Punkte – **Intervalltyp F:**
Der Flexible mit Freiheit

Aktivität (Fight or Flight)   versus   **Ruhe und Regeneration (Rest and Digest)**

49–60 Punkte – **Intervalltyp E:**
Der Engagierte mit Selbstbestimmung

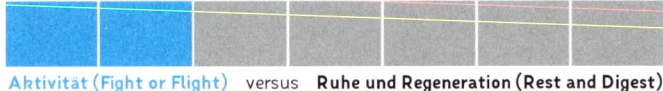

Aktivität (Fight or Flight)   versus   **Ruhe und Regeneration (Rest and Digest)**

(Fachliche Beratung: Dipl.-Psychologin Silke Reinbold, INITIAL-AKADEMIE, Rheinstetten, www.initial-akademie.de)

Die vier Intervalltypen

Typ 1: Der Intensive

Intervalltyp I: Der Intensive mit Verantwortung

Aktivität (Fight or Flight)   versus   **Ruhe und Regeneration (Rest and Digest)**

Sie haben ein *hohes Verantwortungsgefühl* und leisten überdurchschnittlich viel. Überwiegend identifizieren Sie sich mit Ihrer Arbeit, aber verspüren dennoch einen zunehmenden Druck. Sie haben das Gefühl, zu viel leisten zu müssen. Sie leben nach der Maßgabe Ihrer Arbeit. Dabei merken Sie, dass Sie häufig Ihre Energie in Überstunden oder für Sie anstrengende Tätigkeiten investieren. Sie haben den Wunsch, mehr zu erreichen und Ihre Zufriedenheit zu steigern. Die erzielten Effekte befriedigen Sie nicht oder verlangen Ihnen zu viel ab. Sie arbeiten durch, ohne zu merken, dass Ihr Köper erschöpft ist und Erholung braucht. Ihr Körper sendet dann Signale in

Form von Verspannungen insbesondere im Nackenbereich. Auch in Zeiten, in denen Ihr Körper Regeneration bräuchte, beschäftigen Sie sich mit belastenden Arbeitsthemen oder aktuellen Problemen, die Sie lösen möchten. Achtung: Menschen Ihres Typus sind *Burn-out-Kandidaten.* Erste Anzeichen erkennen Sie bei Gefühlen von Kontrollverlust, »am Limit« zu sein, wenn »Gedankenkarusselle« Sic insbesondere beim Einschlafen vereinnahmen oder Sie das Gefühl »Mir wird alles zu viel« haben.

Typ 2: Der Traditionelle

Intervalltyp T: Der Traditionelle mit Sicherheit

Aktivität (Fight or Flight) versus **Ruhe und Regeneration (Rest and Digest)**

Sie sind grundsätzlich zufrieden und machen Ihre Arbeit zum Teil aus *Freude,* aber zum Teil aus Verantwortungsgefühl und vor allem dem *Wunsch nach Sicherheit* heraus. Das verschafft Ihnen das gute Gefühl, nach einem langen Tag viel geleistet zu haben. Es gibt jedoch auch Abende, an denen Sie sich ausgepowert fühlen und Angst haben, »es nicht zu schaffen«. Erste Anzeichen können Sie durch Verspannungsgefühle (zum Beispiel im Nacken oder Rücken) erfahren. Dann überwiegen die Gefühle »Was ich tue, laugt mich aus«, »Es wächst mir alles über den Kopf« oder »So kann und will ich nicht mehr«. Wenn es die Aufgabe verlangt, machen Sie Überstunden, und auch unliebsame Tätigkeiten akzeptieren Sie als Ihre Aufgabe. Damit entstehen Hektik und Stress. Sie haben zwar Ihr Pensum bewältigt, doch unter Entbehrungen im Privatleben, und Sie bräuchten mehr Schlaf und Erholung. Ihre Regenerationszeit kommt zu kurz. Also ist es für Sie wichtig, den

Tag oder Ihre Woche besser zu organisieren, um mehr freie Zeit zu gewinnen.

Typ 3: Der Flexible

Intervalltyp F: Der Flexible mit Freiheit

Aktivität (Fight or Flight) versus Ruhe und Regeneration (Rest and Digest)

Sie mögen es sehr, an eigenen Projekten zu arbeiten, und lassen sich nicht auf einen Job einschränken. Es sei denn, Sie finden hier ausreichend Regenerationsphasen durch motivierende Aufgaben. Relativ selten erfahren Sie, dass Sie auch mal die Kontrolle verlieren oder gestresst sind; denn Sie wissen, wie wichtig es ist, in solchen Situationen Distanz einzunehmen, Ruheinseln zu suchen oder sich mit Meditation zu *entspannen*. Sie haben ein starkes *Freiheitsbedürfnis* und suchen Erfüllung in Ihren täglichen Aufgaben. Sie stecken voller Ideen, die Sie verwirklichen möchten. Wenn Sie in einer Vollzeit-Arbeitsstelle lediglich Aufgaben haben, die Sie nur anstrengen und nicht herausfordern, sollten Sie die Arbeitszeit dort reduzieren – zugunsten einer Arbeit, die Ihnen Regeneration und Motivation bringt. Sobald Sie die ersten Anzeichen von Muskelverspannung oder Einschlafschwierigkeiten bemerken, ändern Sie Ihren Kurs. Den für Sie wichtigen »Sinn« finden Sie ausschließlich in dieser Art von Arbeit, und Sie sind auf einem guten Weg, die notwendigen Aufgaben, die nicht Ihren Stärken entsprechen, auf ein Minimum zu beschränken.

Typ 4: Der Engagierte

Intervalltyp E: Der Engagierte mit Selbstbestimmung

Aktivität (Fight or Flight)   versus   **Ruhe und Regeneration (Rest and Digest)**

Sie wissen, wie Sie mit Ihrem Arbeitseinsatz das Maximum erreichen. Oder wie Sie ein Arbeitsergebnis mit minimalem Einsatz erzielen. Sie sind sehr im Reinen mit Ihren Intervallen, und Sie machen die Arbeit, die Sie »wirklich, wirklich« machen wollen. Ihr Hauptantrieb ist die *Selbstbestimmung*. Sie haben jeden Tag eine motivierende Aufgabe und können Erholung und Leistung, Anspannung und Entspannung sehr gut regulieren. Sie balancieren zwischen beiden Polen mit relativer Leichtigkeit. Mit diesen Eigenschaften sind Sie ideal in der Selbstständigkeit aufgehoben. Oder in einem Arbeitsumfeld, das Ihnen große Spielräume lässt, um Ihre Ressourcen und Begabungen optimal einzusetzen.

Sie schaffen es schon jetzt zu arbeiten, wann und wo Sie wollen. Ihre Arbeit bringt Ihnen Energie, und den Anteil an scheinbar anstrengenden Tätigkeiten schaffen Sie weitgehend gering zu halten. Gefühle wie Versagensangst, Kontrollverlust oder »Das schaffe ich nicht« sind Ihnen weitestgehend fremd. Sie stehen persönlich für gute Ergebnisse, weil das, was Sie tun, Ihren Stärken entspricht und Ihnen Sinn gibt.

15. DIE BOSS-METHODE

Wie sich zeigt, ist das Leben nach unseren ureigenen, sehr individuellen Intervallen ausgerichtet. Auf diese Weise erklärt sich dann auch das Phänomen unserer übermüdeten Gesellschaft. Die *inneren Intervalle,* die in unseren Genen verankert liegen, sind nicht mehr synchron mit den *äußeren Intervallen,* die uns unser Alltag vorgibt. Auf den Menschen wirken also zwei Kräfte: eine Kraft von innen, die

> Übermüdung resultiert aus Asynchronität zwischen inneren und äußeren Intervallen.

ihm eine biorhythmische Taktung vorgibt, und eine Kraft von außen, die ihm eine Fremdtaktung aufdrängt. Es entsteht eine Asynchronität. Und die spüren wir als Schmerzen in Form von Müdigkeit, Burn-out oder gar dem Gefühl einer inneren Kündigung.

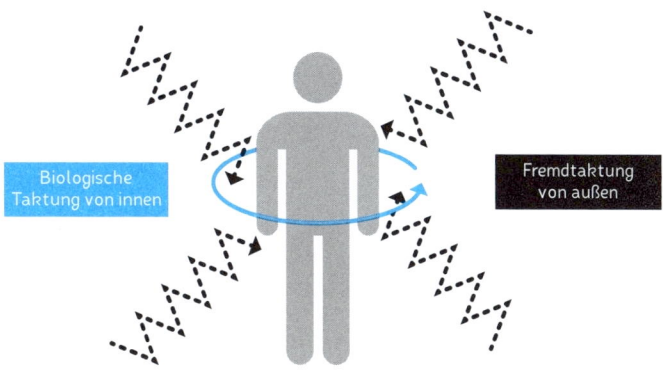

Zwei Kräfte wirken auf den Menschen: Fremdtaktung von außen, biologische Taktung von innen

Die gute Nachricht ist: Wir können an diesem Zustand etwas ändern. Basierend auf dem Mechanismus der inneren Uhr, haben wir die BOSS-Methode entwickelt und die Biologie des Menschen im Prinzip nachgeahmt. So wie der Körper mithilfe des SCN-Nervs (siehe oben) zunächst *beobachtet* und das erste Signal zum Wachwerden sendet, dann die einzelnen Organe und ihre Funktionen aufeinander abstimmt und *organisiert* und deren *sinnvolle Reihenfolge* für den Tag plant und festlegt, um schließlich alle Intervalle miteinander zu *synchronisieren,* so haben wir diese vier biologisch bedingten Schritte auf den menschlichen Tagesablauf heruntergebrochen und übertragen. Aus den biologischen Prozessen haben wir eine Methode abgeleitet, die auf die menschlichen Arbeits- und Lebensintervalle erstaunlich gut zutrifft. Entstanden sind diese vier Schritte, die wir »BOSS-Methode« nennen. Dieses Akronym setzt sich wie folgt zusammen:

BOSS-Methode
Rhythmen ins Gleichgewicht bringen

B Beobachtung *(Behold)*

O Organisation *(Organize)*

S Sinngebung *(Sense)*

S Synchronisation *(Synchronize)*

- **B wie beobachten** (behold), **eine Bestandsaufnahme machen:** In einem ersten Schritt geht es darum, sich seiner eigenen Intervalle bewusst zu werden. Jeder Mensch tickt anders. Jeder Mensch hat seinen eigenen Rhythmus. Dabei steht eine *detaillierte Selbstbeobachtung* im Fokus. Wann sind meine Aktiv-, wann sind meine Inaktivitätsperioden?

Zu welcher Tageszeit bin ich besonders kreativ, in welchen Momenten bin ich konzentriert, wann setzt Müdigkeit ein? Vom Tages- zum Wochenintervall. Wir geben zudem jedem einzelnen Intervalltyp spezifische Tipps zur Selbstbeobachtung.

- **O wie organisieren** (organize), **planen:** Wenn man sich seiner *eigenen Intervalle* bewusst wird, tritt man in die Planungsphase ein. Wie kann ich mit dem Wissen um meine Chronobiologie meinen Arbeitsalltag optimieren? Wie schaffe ich es ganz bewusst, meine Aktivphasen zu nutzen, um noch produktiver zu werden und zugleich in meinen Ruhephasen die Entspannung zu gewährleisten, die der Körper braucht? In diesem Kapitel stellen wir Ihnen die unterschiedlichen Intervalltypen noch konkreter vor und erklären, welche Bedürfnisse Sie haben und wie Sie diese am besten im Rahmen Ihres bestehenden Arbeitsverhältnisses umsetzen können. Wir nehmen Sie an die Hand, um Ihr Leben aktiv im Bewusstsein Ihrer Intervalle zu planen.

- **S wie Sinn geben** (sense), **Sinn finden:** Die *Umsetzung der Intervall-Woche* ermöglicht es nicht bloß, seine eigene Leistungsfähigkeit zu steigern, sie eröffnet dem Menschen auch ganz neue Freiräume. Und die wollen genutzt werden. Doch wie? Das ist gar nicht so einfach, wie es scheint. Tatsächlich fällt es vielen schwer, mit den neu gewonnenen Freiräumen umzugehen. Wer es schafft, seinen Lebensalltag so stark zu optimieren, dass Kapazitäten freigesetzt werden, der wird sehr bald nach Dingen suchen, die ihn über die Arbeit hinaus erfüllen, der tritt in eine postmaterielle Phase ein, in der er nach einem Sinn innerhalb seiner Existenz sucht. In diesem Schritt zeigen wir, welche menschlichen Entfaltungsmöglichkeiten die Sinnfindung bietet. Und wie man auf diese Weise sein Lebensglück finden kann.

- **S wie synchronisieren** (synchronize), **zusammenführen:**
  Im letzten Schritt der BOSS-Methode werden Sie ein
  Resümee ziehen müssen. Können Sie das, was Sie als Ihren
  Lebenssinn definiert haben, wirklich durch Ihre Arbeit
  verwirklichen? Ist er im Rahmen des bestehenden Settings
  umsetzbar, oder müssen Sie gegebenenfalls das Setting
  komplett ändern? Lohnt es sich für Sie, in Ihrem Unternehmen zu bleiben, oder gibt es einen besseren Weg? Und
  wenn Sie den bisherigen Weg in Ihrem Unternehmen wei-
  tergehen, können Sie es als einzelner Arbeitnehmer schaffen, einen solchen Impuls auszulösen, dass der bestehende
  Rahmen des bislang Möglichen erweitert wird? Der vierte
  und letzte Schritt ist die finale *Synchronisation,* indem Sie
  nicht nur Ihren Arbeitsalltag, sondern schlussendlich Ihr
  gesamtes Leben an Ihre Intervalle anpassen.

Die *BOSS-Methode* wird Ihnen in vier Schritten helfen,
Anpassungen in Ihrem Arbeitsalltag vorzunehmen. Und
somit Stück für Stück auch den Status
quo der uns bekannten *Arbeitswelt mit
unseren natürlichen Intervallen zu synchronisieren.* Damit das bestmöglich gelingt,
bedienen wir uns des Baukastens der
schon angedeuteten New-Work-Tools.

*Mit der BOSS-Methode
die Arbeitswelt mit
unseren Intervallen
synchronisieren.*

Durch die Selbstbeobachtung lernen Sie die eigenen *Inter-
vall-Skills* kennen, die Sie im Organisationsteil mithilfe von
New-Work-Skills kombinieren, um schlussendlich *New-Life-
Skills* zu erhalten, also das Werkzeug, um ein besseres Leben
zu führen.

16. B WIE BEOBACHTEN

Der erste Schritt, um in Einklang mit seinen Intervallen zu gelangen, ist es, *sich seiner Intervalle überhaupt bewusst zu werden.* Dafür sollten Sie sich darüber im Klaren sein, wie Ihre inneren Uhren ticken. Sie sollten sich selbst beobachten. Wir zeigen Ihnen zunächst, wie Sie Ihre persönlichen Tages- und Wochenintervalle aufzeichnen und so herausfinden können, wie sehr Ihre äußeren und Ihre inneren Intervalle in Synchronität zueinander stehen, und geben Ihnen dann noch konkrete Selbstbeobachtungstipps für Ihren Intervalltyp.

Achtsam sein

Wer sich seiner eigenen Intervalle bewusst werden will, der muss lernen, achtsam zu sein. Das, könnten Sie jetzt einwenden, klingt wie eine Selbstverständlichkeit. Aber Vorsicht! Hinter dem Begriff der »Achtsamkeit« *(Mindfulness)* verbirgt sich mehr, als es zunächst scheint. Achtsamkeit bedeutet nicht nur, aufmerksam zu sein. Achtsamkeit ist ein jahrhunderte-altes Konzept, das seinen Ursprung im Buddhismus hat.

In der Regel gehen wir unachtsam durch den Tag. Wir haben Gewohnheiten entwickelt, die wir abspulen. Wir stehen auf, erledigen unsere Morgenroutinen, machen uns auf den immer gleichen Weg zur Arbeit und absolvieren auch dort meist unsere einstudierten Aufgaben.

Für diese Gewohnheiten und Automatismen ist ein bestimmter Teil unseres Gehirns zuständig: die *Basalganglien.* Wenn sie aktiviert werden, dann wechseln wir auf Autopilot. Wir funktionieren nur noch. Die Zeit verschwindet. Wir bekommen gar nicht mehr so richtig mit,

Achtsam statt »auf Autopilot«

wie wir uns fühlen, was wir denken und was um uns herum passiert. Wenn wir nun aber lernen, achtsam zu sein, dann lernen wir, unsere Gefühle auch in Momenten zu beobachten, in denen wir normalerweise nur Routinen abspulen. Wir schalten den Autopilot aus und übernehmen das Steuer unserer Handlungen wieder selbst. Wir beobachten unsere Gefühle, bemerken aktiv, ob wir gerade fröhlich oder frustriert sind. Wir erkennen auch unerwünschte Handlungsimpulse, etwa wenn wir fast wie automatisch in die Tüte mit den Gummibärchen greifen, obwohl wir uns doch eigentlich vorgenommen hatten, dieses Jahr besser auf unsere Ernährung zu achten.

Achtsamkeit lässt sich antrainieren. Und es gibt Unternehmen, die fördern ein achtsames Bewusstsein ihrer Mitarbeiter. *Microsoft* zum Beispiel hat die »Mindfulness Hour« eingeführt. Unter dem Namen »SAP Global Mindfulness Practice« hat sich *SAP* bereits seit 2013 zum Ziel gesetzt, Achtsamkeitspraktiken zur Verbesserung von Führung, Produktivität und Wohlbefinden unter den Mitarbeiterinnen und Mitarbeitern zu kultivieren. Bis heute haben zehntausend von ihnen das zweitägige Achtsamkeitsseminar »Search Inside Yourself« genutzt. Aber auch bei *Droemer Knaur*, dem Verlag, in dem dieses Buch erschienen ist, gibt es eine wöchentliche Meditationsstunde, die die Mitarbeiter lehren soll, mehr auf ihren eigenen Körper zu hören.

Warum aber nun all diese Selbstbeobachtungen, werden Sie sich vielleicht fragen. Könnte man diesen Absatz nicht einfach überspringen und gleich zu den Praxistipps kommen? Wir empfehlen: lieber nicht. Denn nur wer achtsam ist und aus dem Autopilot-Modus ausbricht, nur wer sich selbst gut kennt, der kann eine Fähigkeit erlernen, die zentral ist für den Wandel zur ganz persönlichen Intervall-Woche. Und diese Fähigkeit heißt *Selbstwirksamkeit*. Der kanadische Psychologe Albert

Nur wer sich selbst kennt, kann Selbstwirksamkeit entwickeln.

Bandura fand in seinen Studien heraus, dass die meisten Menschen nur dann eine Handlung ausführen, wenn sie davon überzeugt sind, dass sie diese Handlung auch tatsächlich erfolgreich ausführen können.[1] Bandura bezeichnete dies als »Selbstwirksamkeits-Überzeugung«. Entscheidend ist, sich mental in die Lage hineinzuversetzen, dass unser Handeln etwas bewirken und bewegen kann. Es ist am Ende egal, ob wir nun wirklich ein Haus bauen können oder nicht. Wenn wir nicht zumindest davon überzeugt sind, dann fangen wir damit gar nicht erst an. Die konsequente Umsetzung der BOSS-Methode wird Ihr Leben verändern. Sie müssen aber überzeugt davon sein, dass Sie sie auch durchführen können. Wie baut man nun Selbstwirksamkeit auf? Durch Erfolgserlebnisse. Durch den Einfluss sozialer Gruppen. Und: durch Beobachtung! Nur wer sich selbst ganz genau beobachtet, seine eigenen Stärken und Schwächen erkennt und anerkennt, ist in der Lage, Selbstwirksamkeit zu entwickeln.

Wach werden

Als wir mit den Arbeiten zu unserem Buch begann, konnten wir es uns nicht nehmen lassen, eine eigene kleine, natürlich nicht repräsentative, aber dennoch interessante Feldstudie durchzuführen. Wir wollten gewissermaßen achtsam auf unsere Freunde schauen und stellten uns die Frage: Wie sieht es eigentlich mit dem *Schlafrhythmus in unserem Umfeld* aus? Wie schlafen unsere Kollegen? Wir haben uns entschieden, die Umfrage in einem befreundeten Unternehmen durchzuführen. Wir wissen aus dem vorangegangenen Kapitel, dass sich unsere innere Uhr nur schwer manipulieren lässt. Und doch tun viele Menschen genau das. Sie quälen sich frühmorgens aus dem Bett, obwohl sie eher am Abend zur Höchstform auflaufen. Andere sitzen noch spät im Büro, dabei haben sie in den Morgenstunden ihre produktive Phase. Das bestätigt nun auch das Ergebnis unserer kleinen Umfrage. Wir wollten herausfinden, wann und wie die Teilnehmer wach wurden. Arbeiteten sie nach ihren natürlichen Rhythmen oder wurden sie von den äußeren Rhythmen fremdbestimmt? Also wurden insgesamt 38 Mitarbeiter gebeten, ein *Schlaf-Journal* von Montag bis Sonntag zu führen und zu notieren, wann genau sie aufgewacht sind. Aufwachen wurde definiert als der erste wache Moment, der zum tatsächlichen Aufstehen geführt hat. Das Wachwerden in der Nacht zählte dann nicht, wenn man innerhalb von zwanzig Minuten in den Schlaf zurückgefunden hatte.

	Mo.	Di.	Mi.	Do.	Fr.	Sa.	So.
Ø Aufwachzeit	6.42	6.23	6.23	6.20	6.24	7.47	8.10

	Mo.	Di.	Mi.	Do.	Fr.	Sa.	So.
»Frühaufsteher«	4.58	3.00	4.43	4.00	3.30	3.00	6.00
»Langschläfer«	8.30	7.45	8.00	8.03	8.00	10.54	10.34

Ergebnisse auf einen Blick: Durchschnittliche Aufwachzeit von Angestellten und starke Variation zwischen »Frühaufstehern« und »Langschläfern« unter der Woche: Der »früheste Vogel« war um 3.00 Uhr wach – ein Familienvater, der vom Kind geweckt wurde; der »längste Schläfer« war am Wochenende um 10.54 Uhr wach

Als inoffizielle Rückmeldungen zum Test erhielten wir von unseren Probanden folgendes Feedback. Sie gaben an,

- wie verblüffend es war, den eigenen Rhythmus zu beobachten; es war ihnen gar nicht *bewusst*, dass im Hintergrund diese innere Uhr tickt;

- wie der Körper sich scheinbar durch die bloße Beobachtung »wie von allein« auf eine bestimmte Uhrzeit eingestellt hat; irgendwann habe man gar keinen Wecker mehr gebraucht;
- wie sich die Schlaf- und Durchschlafstörungen »wie von allein« reguliert oder zumindest verbessert haben;
- wie man sich selbst dabei erwischt hat, den Einschlafprozess bewusst zu steuern;
- wie dynamisch das Schlaf-wach-System auf äußere Einflüsse reagierte und wie sich der Körper seinen Schlaf holte, wenn er ihn brauchte;
- wie viel Zuversicht sie am Ende der Studie in den eigenen Biorhythmus gefasst haben.

Und was sagen die Zahlen? Diese sind im Gegensatz zu den positiven Impulsen, dass man mehr Achtsamkeit aus dem Experiment mitnimmt, eher erschreckend. In der Umfrage kam heraus, dass 85 Prozent aller Mitarbeiter mit einem Wecker aufgestanden sind. Einige wurden durch ihr Kind oder andere Geräusche geweckt. Im Sinne unserer Schlafgesundheit ist das fatal. »Wenn Menschen mit dem Wecker aufwachen, bedeutet das nichts anderes, als dass die Menschen nicht zu Ende schlafen«, sagt der Rhythmus-Coach und Berater Michael Wieden im Gespräch mit uns. Die Medizin hat die Folgen definiert: Es gibt eine höhere Fehleranfälligkeit, da die Konzentrationsfähigkeit begrenzt ist, und höhere Fehlzeiten aufgrund eines Schlafdefizits. »Eigentlich ist es absurd«, sagt Wieden, »dass ein Chef es zulässt, dass ein Mitarbeiter etwas nicht zu Ende macht. Im Arbeitsalltag wäre das ein No-Go! Warum gilt das dann nicht auch für den Schlaf?«

Führen Sie ein eigenes Intervall-Journal

Seien Sie nun also achtsam, und beginnen Sie damit, Ihren Tagesablauf einmal ganz genau zu beobachten. In diesem Journal halten Sie fest, wie Ihre Intervalle funktionieren. Achtung: Die Tabelle sollte bitte zweimal ausgefüllt werden – einmal in einer klassischen Arbeitswoche und einmal in einer Woche, in der Sie Ihre Zeit frei einteilen können, etwa wenn Sie Urlaub haben.

Zunächst tragen Sie ein, wann Sie wach geworden sind. Besonders hier sind die beiden unterschiedlichen Werte entscheidend. Einmal: Wann sind Sie *durch einen Wecker* geweckt worden? Und einmal, wann Sie *ohne Wecker* wach geworden sind. Das ist wichtig, um die Differenz zwischen innerer und äußerer Taktung zu begreifen. Tragen Sie weiterhin ein, wann Sie am Tag Ihre Kreativphase, wann Sie Ihren Tiefpunkt und wann Sie einen Leerlauf hatten. Auch das bitte einmal in einer *normalen Arbeitswoche* und einmal in einer Woche, in der Sie *Ihre Zeit frei eingeteilt* haben.

Sie müssten nun neun Kurven erhalten: Einige wie Schlaf, Müdigkeit, Kreativität, Freizeit zeigen Ihre *natürliche biologische Intervall-Woche.* Und die anderen zeigen Ihre *von außen getaktete Intervall-Woche* an.

Sie haben nun also Ihre ganz eigenen, individuellen Intervalle mit den äußeren Intervallen verglichen, die von Ihrem Alltag festgelegt werden. Und vermutlich haben Sie festgestellt, dass es eine Diskrepanz zwischen Ihrer inneren und Ihrer äußeren Taktung gibt. Um Ihnen zu helfen, diese Taktung Schritt für Schritt in Einklang mit Ihrem natürlichen Rhythmus zu bringen, werden wir zunächst einmal eine Vereinfachung vornehmen. Wir geben in den folgenden

Die Verbesserung des Rhythmus-Managements beginnt bei der Selbstbeobachtung.

Mein Intervall-Journal

Intervall	1. Tag	2. Tag	3. Tag	4. Tag	5. Tag	6. Tag	7. Tag	Datum einfügen / Uhrzeit einfügen
Schlaf								Wann bin ich wach geworden? *Mit dem Wecker
Arbeit								Wann war meine Konzentration am höchsten?
Müdigkeit								Wann hatte ich ein Tagestief?
Kreativität								Wann hatte ich eine Kreativphase?
Freizeit								Wann habe ich bewusst entspannt?
Familie								Wann habe ich Zeit mit der Familie verbracht?
Warten								Wann hatte ich einen Leerlauf?
Freunde								Wann habe ich mich mit Freunden getroffen, telefoniert oder geschrieben?
Gesundheit								Wann habe ich mir Zeit für meine Gesundheit genommen?

Mein Intervall-Journal

Abschnitten jedem Intervalltyp spezifische Tipps, um sein Rhythmus-Management zu verbessern. Das beginnt schon bei der Selbstbeobachtung.

Selbstbeobachtungstipps für den Intensiven

Sie leiden stärker als andere Intervalltypen unter Kontrollzwang. Ständig müssen Sie alles im Griff haben. Für Sie ist die größte Herausforderung, die Dinge auch einmal ruhen zu lassen. Besonders Ihre Arbeit. Versuchen Sie deshalb zu beobachten, in welchen Situationen Ihnen das am besten gelingt. Wann können Sie am ehesten loslassen? Wie können Sie sich optimal entspannen? In welchen Momenten vergessen Sie Ihre Arbeit wirklich? Mit diesem Wissen können Sie nach und nach mehr *Ruheintervalle* in Ihr doch sehr arbeitsintensives Leben einbauen.

Selbstbeobachtungstipps für den Traditionellen

Sie sind sehr stark darauf bedacht, Ihre Arbeit und Ihre Freizeit voneinander zu trennen. Wenn Sie im Büro sind, dann sind Sie im Büro, und wenn Feierabend ist, dann bleibt das Diensthandy aus – ganz einfach. Grundsätzlich ist es nicht falsch, Aktiv- und Passivphasen zu trennen, aber ein wenig mehr Flexibilität würde Ihnen guttun. Erinnern Sie sich an die Zeit des Lockdowns, als auch Sie Ihre Arbeit wahrscheinlich nicht mehr in denselben Strukturen erledigen konnten wie zuvor. Versuchen Sie, sich in genau solchen oder vergleichbaren Momenten gut zu beobachten. Was macht das mit Ihnen? Ist es für Sie wirklich ein so großes Problem, wenn sich Arbeit und Freizeit auch mal *vermengen?* Notieren Sie sich Ihre Gefühle und Ihre Verhaltensweisen in solchen Situationen. Und versuchen Sie, Stück für Stück zu analysieren, was Ihnen daran nicht behagt. Und welche Gründe das haben könnte.

Selbstbeobachtungstipp
für den Flexiblen

Freiheit. Es gibt nichts, was Ihnen wichtiger ist als Ihre Freiheit. Sie sind so vielseitig interessiert, dass Sie gern von Idee zu Idee und von Projekt zu Projekt springen. Umso wichtiger ist es für Sie, immer wieder auch mal einen *Halt* zu finden. Konzentriert zu bleiben. An einem Gedanken festzuhalten. Beobachten und reflektieren Sie einmal, wann Ihnen das besonders gut gelingt. Wann schaffen Sie es, nachhaltig und über längere Zeiträume hinweg an einem bestimmten Thema zu arbeiten, ohne sich zu verzetteln? Und in welchen Momenten schweifen Ihre Gedanken wieder ab?

Selbstbeobachtungstipps
für den Engagierten

Sie sind bereits sehr stark im Reinen mit Ihren Intervallen. Sie können Ihren Tagesablauf hervorragend selbst takten, ohne groß in Schwierigkeiten zu kommen. Sie brauchen niemanden, der Ihnen sagt, wann Sie was zu erledigen haben. Da Sie allerdings so wahnsinnig gut mit sich selbst klarkommen, wirkt für Sie die Zusammenarbeit mit anders getakteten Menschen etwas fremd. Das gilt es zu optimieren. Versuchen Sie doch einmal, genau zu beobachten, wie eine solche Zusammenarbeit abläuft. Wann ist es besonders harmonisch? Wann kommt es zu Streitereien? Was regt Sie auf? Was macht Sie wütend? Versuchen Sie, sich ganz genau bewusst zu werden, wo die Probleme bei zwischenmenschlichen Interaktionen liegen. Mit welchen Menschen prallen Sie aufeinander, mit welchen »können Sie gut«?

17. O WIE ORGANISIEREN

Sie sind sich Ihrer eigenen Intervalle bewusst geworden.
Jetzt wird es Zeit, in die *Planungsphase* einzutreten. In
dieser Phase geht es darum, mithilfe ihrer

Mehr leisten bei weniger Arbeit

Typologie Ihr *Rhythmus-Management zu optimieren.* Das Motto: »Mehr leisten bei weniger Arbeit.« Es geht darum, auf Ihre individuellen Intervalle angepasst, zielgenaue Tipps zu geben, wie Sie es schaffen, ganz bewusst Ihre Aktivphasen zu nutzen, um noch produktiver zu werden, und zugleich in Ihren Tiefphasen die Entspannung zu gewährleisten, die Ihr Körper braucht. Die Hinweise, die wir Ihnen in diesem Kapitel geben, sind immer und universell anwendbar, egal, in welchem Unternehmen Sie arbeiten.

Pay Yourself First!

Doch bevor wir beginnen, wollen wir noch etwas vorwegschicken: Die Organisation Ihrer To-dos beeinträchtigt nicht nur Ihren eigenen Alltag, sondern auch die Lebensrealität Ihrer Kollegen, Ihrer Vorgesetzten und vielleicht sogar Ihrer eigenen Familie. »Kann ich mich denn dabei derart in den Vordergrund schieben und meine Wünsche über die der anderen stellen?« Wir meinen: Ja. Ganz unbedingt sogar. Sie kennen doch sicherlich die Ansage, die vor jedem Flug gemacht wird. Nach der allgemeinen Begrüßung folgen die Sicherheitsbestimmungen. Sie werden dabei auf alle Eventualitäten vorbereitet, sollte der Flug, nun, nicht ganz so verlaufen wie erhofft. Auch für den Fall eines Absturzes und somit eines schnellen Druckabfalls innerhalb der Kabine wird vorgesorgt. Sollte der Druck in der Kabine sinken, fallen automatisch Sauerstoffmasken aus der Kabinendecke. Die Stewardessen und Stewards weisen Sie auf das weitere Vorgehen hin: »In diesem Fall ziehen Sie eine der Masken ganz zu sich heran und drücken die Öffnung fest auf Mund und Nase. Danach helfen Sie bitte mitreisenden Kindern und älteren Personen.« Dahinter steckt ein ganz simpler Gedanke. Sie sind erst dann in der Lage, anderen Menschen wirklich zu helfen, wenn Sie selbst versorgt sind. Wenn Ihnen bei dem Versuch, dem Kind die Sauerstoffmaske über das Gesicht zu ziehen, selbst der Sauerstoff ausgeht, dann ist weder Ihnen noch dem Kind geholfen. Was für den Alltag in Flugzeugen gilt, gilt genauso für das Geschäftsleben. Charlie Munger, der beinah hundertjährige Geschäftspartner der Investorenlegende Warren Buffett, sagte einmal: »Pay Yourself First.« – »Bezahl dich zuerst.« Denn wenn es dir und somit deinem Unternehmen gut geht, dann geht es auch deinen Mitarbeitern gut. Welchen Sinn hätte es, die Mitarbeiter sehr gut zu bezahlen, wenn die Firma defizitär wäre und nach kurzer Zeit Insolvenz anmelden müsste? Dann sitzen die Mitarbeiter nämlich auf der Straße und verdienen gar nichts mehr.

New-Work-Skill

Indem Sie sich an den Anfang der Kette stellen, übernehmen Sie auch die Verantwortung für Ihr Handeln. Zu New Work gehört es ebenso, für den Weg einzustehen, für den Sie sich entschieden haben. Es ist wichtig für Sie selbst und für die Teamarbeit, konsequent an Ihren Entscheidungen festzuhalten - und falls diese korrigiert werden müssen, dann den Kurswechsel zu begründen und umzusetzen. Wie es mal ein ehemaliger Fußballnationalspieler sagte: Man kann im Leben alles machen, man muss es nur anständig machen.

Intervalltyp 1: Der Intensive

So ticken Sie

Als Intensiver kennen Sie kein Wochenende. Die Begriffe »Feierabend« und »Feiertag« sind Ihnen zwar geläufig, bleiben Ihnen aber merkwürdig fremd. Ihr Leben ist Ihre Arbeit, und Ihre Arbeit ist Ihr Leben. Abschalten ist für Sie unmöglich. Sie sind ständig in Hochspannung. Und Sie überschreiten gern auch mal die Arbeitsintervallgrenzen Ihrer Mitmenschen. Das ist Ihnen noch gar nicht aufgefallen? Nun, Ihre Kollegen finden es meistens nicht so toll, wenn Sie von Ihnen auch am Wochenende oder noch spätnachts eine Arbeitsmail geschickt bekommen. Aber ja, werden Sie jetzt sagen, Sie können halt nicht anders. Aber warum sind Sie so? Ihre Hauptantriebskraft ist Ihr *Verantwortungsbewusstsein.* Darum arbeiten Sie höchstwahrscheinlich auch in einer Position, in der Sie tatsächlich viel Verantwortung tragen. Und wenn nicht, dann haben Sie das Gefühl, sich in eine solche Position hocharbeiten zu müssen, denn es gilt ja auch, die Familie ordentlich zu versorgen. Ihr Verantwortungsbewusstsein ist der Schlüsselpunkt, warum Sie so ticken, wie Sie ticken. Es gibt Ihnen sehr viel Energie. Zugleich verspüren Sie aber auch einen starken Druck. Nicht selten wird der Druck dann zu hoch, sodass Sie unter einem Burn-out oder unter Depressionen leiden.

Als Intensiver sind Sie ein Macher. Sie mögen es, Ihr Umfeld nach Ihren eigenen Vorstellungen zu formen. Was Sie besonders stört? Neben Menschen mit gegenteiligen Ansichten in erster Linie die Zeit, die Ihnen permanent davonzulaufen scheint. Darum haben Sie oftmals das zwanghafte Bedürfnis, das Maximum aus einem Tag herausholen zu müssen. Wichtig für Sie ist es, dass Sie lernen, auch einmal Pause zu

Verantwortungsbewusstsein als Schlüsselpunkt

machen, dass Sie sich zurücknehmen und die Verantwortung, die Sie tragen, auch einmal mit Kollegen teilen. Achten Sie darauf, dass Sie sich *mehrere Quellen* schaffen, aus denen Sie Ihre Lebenszufriedenheit speisen können, statt bloß auf Ihre Arbeit zu schauen.

Ihre Stärken im Arbeitsalltag:
- Sie haben eine schnelle Auffassungsgabe und erkennen das Wesentliche auf einen Blick.
- Sie haben Ihre Ziele klar vor Augen.
- Sie arbeiten ergebnisorientiert.

Ihre Schwächen im Arbeitsalltag:
- Sie neigen dazu, zu viele Eisen im Feuer zu haben.
- Sie unterschätzen bei komplexen Aufgaben oftmals die Länge der benötigten Zeit.
- Sie handeln häufig reaktiv nach den Erfordernissen der Aufgabe und haben das Gefühl, dass die Erledigung der Dinge unmittelbar erfolgen sollte.

Sieben New-Work-Skills, um Ihren Arbeitsalltag zu verbessern

1. **Setzen Sie Ihre Prioritäten!** Auch wenn es Ihnen schwerfällt, Nein zu sagen – tun Sie es trotzdem. Es ist viel mehr gewonnen, wenn Sie die übernommenen Aufgaben sorgfältig erledigen, anstatt für zu vieles die Verantwortung zu übernehmen. Im Übrigen – schnellere Entscheidungen lassen sich besser im Rahmen von Meet-ups finden statt bei langen Sitzungen. Ein Klares Ja für »Stehungen« – weil man im Stehen schneller auf den Punkt kommt.
2. **Machen Sie sich Ihren Zeitbedarf bewusst!** Nehmen Sie sich auch einmal bewusst Zeit für Muße, Entspannung

und Nichtstun. So gewinnen Sie Energie für die anstehenden Aufgaben. Schreiben Sie dabei auf, was Ihre konkreten Ziele im Arbeitsalltag sind. Was möchten Sie erreichen? Wo möchten Sie hin? Welche Projekte sind zielführend, und welche lenken Sie nur ab?

3. **Seien Sie geduldig!** Wenn es nach Ihnen geht, muss alles so schnell wie nur irgend möglich fertig werden. Aber nicht jeder Mensch denkt so wie Sie. Und nicht immer geht alles in der Geschwindigkeit, die Sie sich wünschen. Lernen Sie zu akzeptieren, dass unterschiedliche Menschen unterschiedliche Geschwindigkeiten haben.

4. **Hören Sie zu!** Sie neigen dazu, Ihren Kopf durchsetzen zu wollen. Das können Sie auch tun. Bedenken Sie aber, dass Ihnen andere Menschen gegenübersitzen, die ebenfalls eigene Vorstellungen und Ideen haben, über die sie sich vielleicht viele Gedanken gemacht haben. Es ist eine Frage des Respekts, diese Gedanken ernst zu nehmen. Also hören Sie zu, und zeigen Sie Ihrem Gegenüber, dass Sie sich mit seinen Anliegen auseinandersetzen – selbst wenn Sie diese dann wieder verwerfen sollten.

5. **Seien Sie teamfähig!** Sie möchten Ihren Kollegen und Vorgesetzten gern zeigen, dass Sie perfekt in Ihrem Job sind. Klar. Aber nicht alles im Leben ist ein Wettbewerb. Lassen Sie auch mal gut sein. Es gibt viele Situationen, in denen Sie gemeinsam mit anderen Menschen sehr viel weiter vorankommen, als wenn Sie stoisch vorausrennen.

6. **Menschlich sein!** Sie vergraben sich oftmals so sehr in Regeln, Richtlinien und der Rolle, die Sie glauben erfüllen zu müssen, dass Sie ganz vergessen, dass Sie ein Mensch sind. Und als solcher können Sie auch punkten. Bei emotionalen Themen sind auch Smileys und Gefühle erlaubt.

7. **Schultern Sie Ihre Verantwortung mit anderen!** Sie würden gern mehr für sich selbst machen, verspüren aber einen ungeheuren Druck, der allein auf Ihren Schultern lastet?

Lernen Sie, sich ein Stück weit zurückzuziehen und loszulassen, verteilen Sie die Aufgaben auf mehrere Schultern.
Auf die Schultern von Spezialisten. Nutzen Sie das Potenzial der Crowdintelligenz. Die Arbeitszeit, Arbeitsweise
oder der Jobtitel spielen dabei eine untergeordnete Rolle.

Drei Schritte, um Ihr Rhythmus-Management zu verbessern

Schritt 1: »Lernen Sie Pause!«

Es ist der erste warme Tag im Jahr. Annalena schließt
die Augen und genießt die warme Frühlingssonne.
Ihr Mann Dennis sitzt ihr gegenüber. Auch er hat die
Augen geschlossen. Beide lächeln. Was für ein herrlicher
Tag! Annalena nimmt noch einen Schluck von ihrem
Latte macchiato und schaut sich um. Die beiden waren
offensichtlich nicht die Einzigen, die auf die Idee kamen, an diesem Samstagnachmittag in das beliebteste
Café der Stadt zu gehen. Geschäftiges Treiben. Jeder,
wirklich jeder einzelne Platz ist besetzt. Während Annalena noch die Gäste am Nachbartisch mustert, nimmt
sie ein kurzes Vibrieren wahr. Sie schaut zu ihrem Mann,
der sein Handy aus der Hosentasche zieht.
»Und?«, fragt sie ihn. »Was Wichtiges?« Dennis hält ihr
das Handy hin, auf dem Display blinkt eine Nachricht.
Von Gabriela Schmidt. Betreff: Projekt Kontensynchro-
nisation.
Annalena verdreht die Augen. Sie weiß, was jetzt passiert.
Dennis wird die Mail beantworten, und für den Rest

*Nehmen Sie die Arbeit
nicht überallhin mit.*

des Tages kann sie ihr entspanntes Wochenende mit ihm vergessen. Er nimmt die Arbeit wirklich überallhin mit. Sie betrachtet ihren Mann, der jetzt konzentriert auf sein Smartphone tippt. Der Nachmittag ist gelaufen, das weiß sie.

»Wollen wir dann langsam auch los?«, fragt er einige Minuten später, und an der Dringlichkeit seiner Stimme erkennt sie, dass eine Diskussion jetzt gar keinen Sinn mehr hat. Er will nach Hause zu seinem Laptop. Annalena verdreht die Augen, packt ihre Tasche und gibt dem Kellner ein Zeichen. Bezahlen, bitte!

Vielleicht ist Ihnen gar nicht bewusst, wie stark Ihr Ehrgeiz und Ihr Arbeitseifer auch Ihr Umfeld beeinflussen. Gönnen Sie sich ein wenig Achtsamkeit, und beobachten Sie die Auswirkungen Ihres Verhaltens auf Ihre Mitmenschen. Vielleicht ist das eine zusätzliche Motivation für Sie, mit Ihren natürlichen Intervallen besser in Einklang zu kommen. Gerade für Sie als *Intensiven* ist es auf einer ersten Ebene fundamental wichtig, Ihre Aktiv- und Ihre Ruhezeiten zu erkennen. Nutzen Sie Ihre Arbeits- und Ihre Pausenintervalle. Die Regel könnte nicht einfacher sein: *Wenn Sie nicht arbeiten, dann arbeiten Sie nicht!* Wir wissen, dass das für die meisten Menschen logisch klingt, für Sie aber wahnsinnig schwer ist. Darum tasten Sie sich schrittweise an Ihre Pausen heran. Sie haben ja bereits im letzten Kapitel ein Wochenintervall für sich definiert, an dem Sie ablesen können, wann Ihre klassischen Ruhephasen sind. Jetzt gilt es, diese auch als Ruhephasen zu nutzen.

Verwenden Sie dafür unsere *moderne Technologie,* die Ihnen ermöglicht, sich in fest definierten Zeiträumen abzuschirmen. Sie können die »Nichterreichbarkeit« über Handy, Telefon

oder E-Mail selbst steuern. Es gibt dafür
spezielle Apps, aber auch in Ihren Grund-
einstellungen können Sie einen Ruhemodus aktivieren, der Ihnen in speziell defi-

nierten Zeiträumen keine Nachrichten mehr zustellt. »Ruhemodus« heißt die Option, die mittlerweile auf allen gängigen
Smartphones verbaut ist und für alle eine Option ist, die es
noch nicht übers Herz bringen, gleich das ganze Handy abzu-
stellen. Keine Sorge, die Nachrichten verschwinden nicht. Sobald der Ruhezeitraum abgelaufen ist, landen Sie alle gesammelt in Ihrem Postfach, und Sie können sie noch immer abarbeiten. Sie bringen das einfach nicht übers Herz, weil Sie
Angst haben, die wirklich ganz wichtige Nachricht zu verpas-
sen? Also gut, Sie können in dem Fall auch Ausnahmen definieren. Ein Anruf von der Nummer des CEOs wird auch im
Pausenmodus durchgestellt und E-Mails mit »hoher Priori-
tät« ebenfalls. Die Hauptsache ist: Sie tasten sich langsam an
die Sache heran.

Aber es geht nicht bloß um die eigene Erreichbarkeit, sondern auch darum, dass Sie andere Menschen am Wochenende
oder spät in der Nacht nicht mit Ihren Arbeitsmails belästi-
gen. Auch dafür gibt es ein technisches Hilfsmittel. Mit der
neuesten Outlook-Version können Sie Ihren E-Mail-Versand
planen. Am Wochenende können Mails geschrieben und vor-
datiert werden, sodass sie erst am Montag automatisch abge-
sendet werden. Sie sollten lernen, Grenzen zu ziehen. Auf
diese Weise erziehen Sie sich selbst und Ihre Kollegen zu einem besseren Rhythmus-Management. Nur so schaffen Sie
es, genau zu kontrollieren, wo Ihre Zeit hingeht. Und wenn
Sie nun doch das Gefühl haben, Ihrem ersten Impuls nachgeben und auf die Mail antworten zu müssen? Dann formulieren Sie eine Antwort, aber schicken Sie diese wenigstens erst
zu Ihrer *Aktiv-Arbeitszeit* ab. Sie hat ja kein Haltbarkeitsda-
tum, das im Spam-Ordner verfällt. Denken Sie daran, Sie

brauchen nicht gleich alles perfekt zu berücksichtigen, aber auch kleine Schritte helfen, das Ziel zu erreichen.

Und wo wir schon bei Ihrem Smartphone sind: Stellen Sie es nachts am besten aus. Und wenn Sie das wirklich nicht übers Herz bringen, dann stellen Sie es nachts zumindest in den *Nightshift-Modus,* der sich ebenfalls in den Einstellungen findet. Ihr Handy wie auch Ihr Computer, Ihr Laptop und Ihr Tablet strahlen *blaues Licht* aus. Dieses blaue Licht ist ersten Studien zufolge gesundheitsschädlich und schlecht für die Augen. Besonders aber unterdrückt eine hohe Blaulichtdosis vor dem Zubettgehen die Bildung des Schlafhormons Melatonin. Im Nightshift-Modus nun wird der blaue Lichtanteil reduziert, und das Bild erscheint in einem wärmeren, gelblichen Ton. Ihr Melatonin kann ungestört ausgeschüttet werden.

Sie sollten also lernen, Pausen zu machen. Aber Achtung: Eine Pause ist nicht gleich eine Pause. Wissenschaftler aus Wien haben in einer Studie[2] untersucht, was uns wirklich die gewünschte Erholung verschafft. Es sind nicht die Pausen, die wir am Computer verbringen. Es sind auch nicht die »Sandwich«-Pausen. Nahrungsaufnahme ist Nahrungsaufnahme. Ein Prozess. Keine Pause. Wenn Sie dagegen in Ihrer Pause den Arbeitsplatz verlassen, weg von Ihrem Bildschirm gehen und in einem anderen, neutralen Raum, wie etwa der Küche, mit Kollegen sprechen, dann haben Sie eine erholsame Pause.

> *Pause ist nicht gleich Pause.*

Socializing gibt Energie. Und genau darum geht es. Energie zu gewinnen. Die Akkus wieder aufzuladen. Wenn Sie in einem Job arbeiten, in dem Sie sowieso viel sprechen müssen, und in der Pause einmal für sich sein wollen, ist das natürlich auch in Ordnung. Ein Spaziergang oder einfach mal »nicht sprechen« und herunterkommen sind ebenfalls Entspannungsmethoden. Denken Sie dabei nur daran, wirklich tief abzuschalten und sich von den Aufgaben so weit wie möglich zu entfernen. Naturpsychologen nennen das Phänomen *Being Away* – »ganz weit weg sein«. Dieses stellt sich insbesondere in der Natur ein, beim Waldspaziergang oder während der Bergwanderung am ausgedehnten Wochenende.

In der Vorlage *Mein Aktiv-Pause-Journal* haben Sie die Möglichkeit, über den Tag verteilt Ihre Aktiv- und Passiv-Intervalle aufzuzeichnen. Markieren Sie ganz genau, wann Sie Ihre Pausen machen. Denken Sie an die BRAC-Rhythmik, und schauen Sie sich an, ob die Intervalllängen und die Pausenphasen mit den idealtypischen Längen übereinstimmen. Das Ergebnis dieser Tabelle entspricht Ihrem persönlichen *Aktiv-Passiv-Tagesintervall*.

Mein Aktiv-Pause-Journal

	Von	Bis	Dauer bestimmen (Minuten)	Empfohlen
Aktive Phase				90
Pause				10 bis 20
Aktive Phase				90
Pause				30 bis 45
Aktive Phase				90
Pause				10 bis 20
Aktive Phase				90

Feierabend :-)

Mein Aktiv-Pause-Journal

Es ist schon spät am Abend, und Annalena hatte recht behalten. Der Tag war wirklich gelaufen. Seit ihr Mann im Café die E-Mail bekam, ist er in eine ganz andere Welt abgetaucht. Er ist jetzt wieder in seiner Arbeitswelt. Sie lehnt sich an die Tür und beobachtet ihn, wie er im Wohnzimmer vor einem Stapel ausgedruckter Papiere sitzt und hektisch etwas in seinen Laptop tippt. »Was genau machst du denn da?«, fragt sie ihn.

»Es gibt Probleme mit den Zahlen«, antwortet er. »Ich muss das alles überprüfen.«

Dennis wirkt nicht so, als hätte er das, was er da tut, im Griff. Die Papierflut im Wohnzimmer ist mehr Chaos als Ordnung. »Ich habe morgen einen wichtigen Call deswegen«, sagt er. »... oder übermorgen? Egal, ich muss das auf jeden Fall irgendwie ordnen.«

Annalena geht in die Küche und setzt Wasser auf. Dann bringt sie ihrem Mann einen Tee. Sie weiß, dass es wieder eine lange Nacht für ihn werden wird. Er blättert sich hastig durch einen Stapel von Rechnungen. »Wo ist nur diese Überweisung?«, flucht er.

»Wann musst du morgen im Büro sein?«, fragt Annalena ihn.

»Ganz normal um 8.00 Uhr, nein, um 7.00 Uhr, wir haben noch ein Vormeeting morgen, denke ich. Kannst du mir mal meinen Kalender bringen?«

Sie streicht ihrem Mann über den Kopf. »Ich gehe jetzt ins Bett, mach du auch nicht mehr so lange. Du weißt, dass wir morgen Abend mit der Familie Schmidt zum Dinner verabredet sind?«

»Das war morgen?«

Sie arbeiten nicht nur rund um die Uhr, Sie arbeiten auch so viel, dass es beinah unmöglich für Sie ist, den Überblick zu behalten. Sie haben einfach zu viele Eisen im Feuer, was Sie dann wiederum noch nervöser macht. Ein Teufelskreis. Nachdem Sie es geschafft haben, Pausen und Ruhephasen in Ihren Alltag zu integrieren, sich also kleine Inseln der Ruhe aufzubauen, sollten Sie nun Ihren Alltag im Allgemeinen besser in den Griff bekommen. Dafür ist es wichtig zu planen. So bekommen Sie eine Struktur in Ihren Alltag, die Ihnen helfen wird, die gewaltige Energie, die Sie haben, in geregelte Bahnen zu lenken.

Planung ist wichtig, das zeigt uns schon unsere Biologie. Wie wir bereits gesehen haben, hat auch unser Körper einen sehr genauen Plan für uns, der durch unsere inneren Uhren getaktet wird. Denken Sie zurück an die chinesische Organuhr. Planung ist wichtig, um nicht überrascht zu werden. Um die Kontrolle zu behalten. Um die Situation zu bestimmen, statt von der Situation bestimmt zu werden. Dinge, die wir nicht kontrollieren können, kosten Geld, Nerven und Energie. In anderen Worten: Sie beeinträchtigen unser Wohlbefinden, unsere Gesundheit und unsere Produktivität. Versuchen Sie in Ihrem Alltag nun also ganz bewusst, Ihre Intervalle zu planen. Etwa *Einkaufs-Intervalle.* Gehen Sie zum Beispiel einen Tag einkaufen, und bleiben Sie die nächsten drei Tage zu Hause. Machen Sie sich ein *Sport-Intervall:* Gehen Sie etwa jeden zweiten Tag ins Fitnessstudio.

Einen großen Plan verwirklicht man nach der japanischen Methode des *Kaizen,* die aus dem Lean Management stammt, am besten in kleinen Schritten. Setzen Sie sich dabei realistische Ziele:

> *Einen großen Plan in kleinen Schritten verwirklichen*

- Fixieren Sie Ihren Wunsch. Schreiben Sie sich ihn in ein Word-Dokument.

- Dann unterteilen Sie das große Ziel in kleine Etappen: Schneiden Sie es, wie eine Salami, in Scheiben.
- Setzen Sie sich Teilaufgaben, um die Etappen Schritt für Schritt zu vollziehen. Ordnen Sie diese nach Prioritäten.
- Setzen Sie sich in Ihrem digitalen Kalender Notizen, bis wann Sie was erreicht haben wollen.
- Beginnen Sie, die Teilaufgaben umzusetzen und die Ergebnisse zu evaluieren.
- Wenn Sie nicht zufrieden sind, ändern Sie die Aufgabe und wiederholen die einzelnen Schritte.

New-Work-Skill

Das übergeordnete Ziel für Sie ist, *selbstorganisiert*, *eigenverantwortlich* und *selbstgesteuert* Ihren Tag zu gestalten. Sowohl im Job als auch privat. Achten Sie auf Selbstdisziplin und nicht auf starre Arbeitszeiten und Anwesenheitspflichten. Bestimmen Sie selbst, mit welcher Aufgabe Sie beginnen. Versuchen Sie möglichst, ungebunden zu arbeiten.

Schritt 3: Weniger Überstunden!

Es ist nicht so, dass Annalena wirklich überrascht gewesen wäre. Es ist aber so, dass sie sich trotzdem ärgert.

»Wo bleibst du denn?«, faucht sie ihren Mann an.

»Es tut mir leid«, entschuldigt er sich. »Ich brauche noch etwas. Bitte fangt doch schon einmal an, okay? Ich komme nach.«

Wütend beendet sie das Telefonat und schmeißt das Handy auf die Couch.

»Ist alles in Ordnung?«, fragt Carolina.

»Ja, na klar, Dennis braucht noch etwas … er ist in der Firma gefragt.«

Wie gesagt: Es ist nicht so, dass Annalena wirklich überrascht gewesen wäre. Es ist nicht so, dass sie nicht damit gerechnet hätte. Und es ist auch nicht so, dass das zum ersten Mal passiert. Schon gestern Abend, als sie ihn an die Verabredung mit den Schmidts erinnert hatte, da beschlich sie so eine Ahnung. Die ganzen Papiere, die vielen Termine, die schlaflosen Nächte … er würde es nicht pünktlich nach Hause schaffen. Eigentlich machte er ja ständig Überstunden. Warum also nicht auch heute. Sie setzt ein künstliches Lächeln auf und begibt sich wieder zu den Gästen an den Tisch.

Dennis sitzt derweil in seinem Büro und starrt auf den Computer. Er ist beinah so weit, sagt er sich selbst. Nur noch eine letzte Tabelle überprüfen, dann ist alles erledigt. Klar weiß er, dass seine Frau jetzt sauer auf ihn sein wird. Das ist sie ja immer. Aber es würde ihr doch auch nichts bringen, wenn er jetzt nach Hause käme und mit seinen Gedanken noch in den Tabellen hinge, sagt er sich selbst. Oder?

Sie haben es bereits geschafft, Schritt für Schritt Ihre Pausen- und Ruheintervalle aufzubauen. Sie haben es auch geschafft, Ihre Intervall-Woche zu planen und auf diese Weise ein wenig Ordnung in das Alltagschaos zu bringen. Jetzt brauchen Sie nur noch einen letzten Schritt zu gehen, um Ihren Intervall-Wochen-Rhythmus in den Griff zu bekommen.

Lernen Sie, auf Überstunden zu verzichten. Tatsächlich sind in vielen progressiven Unternehmen *Überstunden* mittlerweile verpönt. Warum? Weil man weiß, dass die Zeit, die man heute länger im Unternehmen arbeitet, Energie kostet, die morgen woanders fehlt. Ob man Überstunden tatsächlich ganz verbietet, wie etwa das Unternehmen *Sipgate*, oder sie in irgendeiner Form ausgleicht, ist dabei für Sie erst einmal egal. Denn Sie sollten für sich selbst lernen, einfach nach Hause zu gehen, wenn Ihr Arbeitsintervall vorbei ist. Sie sollten lernen, sich nicht an etwas festzubeißen, sondern für den Moment auch einmal loszulassen.

Lernen Sie, auf Überstunden zu verzichten.

Sie kennen sicher auch diese Situation, dass Sie über einer komplexen Fragestellung brüten und einfach nicht die Lösung finden. Es vergeht Stunde um Stunde, aber Sie kommen kein bisschen voran. Jetzt die Arbeit niederlegen? Auf keinen Fall, denken Sie sich. Erst muss dieses Problem gelöst werden! Doch Ihr Körper hat ganz eigene Pläne. Und diese unterliegen Ihrer inneren Uhr, die besagt: Fahr das System jetzt herunter. Der Parasympathikus verlangt nach einer Pause, während Sie sich den Kopf darüber zerbrechen, warum Ihnen die zündende Idee nicht kommt. Geben Sie doch einfach dem Impuls nach, und machen Sie für heute Feierabend. Entspannen Sie. Gehen Sie joggen. Sie werden sehen, die Lösung kommt in genau diesen Momenten! Aus chronobiologischer Sicht ist das eigentlich völlig klar. Der Gedanke kommt, nachdem Sie losgelassen und dem Körper seine rechtmäßige Pause gegönnt haben.

Erzwingen Sie nichts, und lassen Sie Ihren Körper einfach das machen, wofür er programmiert wurde. Wenn der Akku leer ist, dann geht das Handy aus. Wenn das Handy aus ist, kann man damit nicht mehr arbeiten. So ist es bei Ihnen auch. Überstunden sind Stunden, die über der Zeit liegen, in der Sie arbeitsfähig sind. Überstunden sind Stunden, in denen Sie arbeiten, obwohl Sie keine Energie mehr haben. Das bedeutet nicht, dass Sie überhaupt keine

Vertrauen Sie auf Ihre Biologie!

Überstunden mehr machen sollten. Es wird immer wieder Momente und Situationen geben, in denen es nicht anders geht, das ist völlig klar. Aber diese Momente sind Ausnahmen und nicht – wie bei Ihnen – die Regel.

Gehen Sie einmal in sich. Kennen Sie das Gefühl, wenn Sie nach einem langen Arbeitstag mit vielen Überstunden nach Hause kommen, sich auf Ihr Sofa fallen lassen und sich fragen, wo eigentlich die ganze Zeit geblieben ist? Sie sehen, es ist bereits 21.00 Uhr, und Sie waren mal wieder den ganzen Tag über im Büro und wissen gar nicht mehr so wirklich, was Sie eigentlich gemacht haben? Ja, was haben wir denn eigentlich gemacht? Die Frage ist so berechtigt, dass Sie sie einmal ernst nehmen sollten. Und wörtlich. Machen Sie eine Liste mit allen Tätigkeiten, die Sie den Tag über geleistet haben. Dazu zählen auch Alltagstätigkeiten wie Einkäufe erledigen, Sport machen, Wäsche waschen. Denn gerade für Sie ist es ja schwer, Arbeit und Privates zu trennen. Schreiben Sie sich alles in eine Excel-Datei, und beginnen Sie nun,

- Ihre Tätigkeiten nach beruflicher und privater Natur einzuteilen sowie
- eine Gewichtung der Qualitäten vorzunehmen.

Das heißt konkret: Fragen Sie sich, ob die Dinge, die Sie an diesem Tag getan haben, solche waren, die Sie *tun mussten,* solche, die Sie *tun konnten,* oder solche, die Sie *tun wollten.* Setzen Sie Ihre Beobachtungen über eine Woche fort. Sie werden sehen, dass Sie an einem Tag sehr viel mehr leisten, als Ihnen bewusst ist. Und wenn Ihnen dann auch noch klar wird, dass Sie auf einige dieser Dinge wohl verzichten können, dann beginnen Sie, Ordnung in das Alltagschaos zu bringen. So gelingt es Ihnen dann auch, unnötige Überstunden abzubauen. Notieren Sie sich die *To-dos* (»Ich muss«), die *Wünsche* (»Ich könnte«) und die *Träume* (»Ich will«).

Ein Tipp für Ihr Lebensintervall

Ihre Intervalle sind vollständig auf Ihre Arbeit ausgerichtet, denn Ihre Arbeit ist Ihr Leben. Zumindest denken Sie das. Aber so ist es nicht. Ihr Leben ist viel mehr. Sie als Arbeitstier mögen vielleicht glauben, dass Sie Ihre Zeit vergeuden, wenn Sie sie in Hobbys oder Beziehungen investieren, aber das Gegenteil ist der Fall. Sehen Sie es mal so: Je öfter Sie einmal den Kopf von der Arbeit frei kriegen, desto kreativer werden Sie. Sie investieren also Zeit, die Sie nicht im Büro sind, in Ihre eigene seelische Gesundheit, die Ihnen wiederum die Kraft gibt, im Büro eine bessere Performance abzuliefern. Also: Halten Sie sich Intervalle für Freunde und Familie, für Hobbys und Leidenschaften frei. Sie werden spüren, wie die Energie, die Sie dadurch gewinnen, Sie beflügeln wird.

Diese Arbeitszeiten passen zu Ihnen

Für jeden Intervalltyp gibt es unterschiedliche Arbeitszeitmodelle, die ihm helfen können, besser mit seinen individuellen Rhythmen zurechtzukommen. Für Sie wären folgende Arbeitszeitmodelle empfehlenswert:

Modell Fünf-Tage-Woche: Achten Sie darauf, keine Überstunden zu produzieren und max. acht Stunden täglich zu arbeiten. Damit gewinnen Sie *Detox-Zeit* zusätzlich. Bauen Sie Detox-Zeiten bewusst am Wochenende ein, und versuchen Sie, sich nicht mit den für Sie anstrengenden Themen zu beschäftigen.

| 8 | 8 | 8 | 8 | 8 | | |

Modell Vier-Tage-Woche: Bauen Sie nach einem langen Arbeitstag (zehn Stunden) einen oder zwei Detox-Tage ein.

Modell 3½-Tage-Woche: Alternativ finden Sie eine Aufgabe, die Ihnen Energie bringt und Freude bereitet, damit sich die Arbeitszeit erfüllend anfühlt. Wenn Sie tun, was Sie mögen, gibt Ihnen das Energie, und Sie empfinden keinen oder weniger Druck.

Wie Sie Ihre idealen Arbeitszeiten umsetzen können, zeigen wir Ihnen abschließend im Kapitel »S wie synchronisieren«.

Intervalltyp 2: Der Traditionelle

So ticken Sie

Wenn Sie am späten Nachmittag Ihr Büro verlassen, dann beginnt Ihr Wochenende. Sie trennen Berufliches strikt von Privatem. Arbeit ist für Sie Arbeit. Freizeit ist für Sie Freizeit. Wenn Sie am Freitag das Büro verlassen, dann sind Sie weg. Das Wochenende haben Sie sich verdient, ist Ihr Credo. Am Montag kommen Sie dann wieder diszipliniert zur Arbeit. Eine starre Vorgehensweise. Sicherheit ist Ihnen wichtig. Aber Sie wünschen sich mehr Flexibilität im Arbeitsalltag. Menschen mit

Die meisten Menschen in Deutschland sind Traditionelle.

traditionellem Intervalltyp haben ein äquivalentes Verhältnis zur Zeit. Ihr Hauptantrieb ist Sicherheit. Sie gehen entspannt mit der Zeit um, wenn sie nicht unter Druck stehen, begreifen sie aber als belastend, wenn es kurzfristige Termine und Deadlines gibt, die es dringend einzuhalten gilt. Traditionelle versuchen, ihr Zeitmanagement sehr genau im Griff zu haben, planen gern im Voraus, geraten aber in Not, wenn es knapp wird. Traditionelle Intervalltypen schätzen das Gefühl der Sicherheit, das ihnen das nicht selbstständige Arbeitsumfeld bietet, sie beanspruchen zugleich jedoch ein gewisses Maß an Flexibilität. Diese Menschen sind gute »Flexicuritaner«, das heißt flexible Sicherheitsfanatiker.

Ihre Stärken im Arbeitsalltag:
- Sie arbeiten beständig, gründlich und zuverlässig.
- Sie setzen Prioritäten, weil Sie Ordnung und Sicherheit schaffen.
- Sie sind gut organisiert und fachlich meist gut vorbereitet.

Ihre Schwächen im Arbeitsalltag:
- Sie wollen Konfrontationen unbedingt vermeiden.
- Sie halten sich in Debatten oft zu stark zurück.
- Sie übernehmen nur ungern mehr Verantwortung als nötig.

Sieben New-Work-Skills, um Ihren Arbeitsalltag zu verbessern

1. **Bleiben Sie offen!** Sie klammern sich gern an festgefahrene Routinen, mit denen Sie gute Erfahrungen gemacht haben. Aber suchen Sie doch einmal nach neuen Wegen, um schneller zu gewünschten Ergebnissen zu kommen.
2. **Halten Sie Rücksprache!** Sie wissen um Ihre Gewissenhaftigkeit, doch diese Stärke kann auch eine Schwäche

werden. Kommunizieren Sie mit Ihren Vorgesetzten und Kollegen, um Prioritäten und Aktivitäten abzustimmen, anstatt etwas allein durchzukämpfen. Es muss nicht sofort eine Lösung geben. Signalisieren Sie Bereitschaft, sich Gegenmeinungen anzuhören.

3. **Halten Sie Aussprache!** Sie leiden unter Konflikten. Also gehen Sie ihnen aus dem Weg. Dabei wäre eine Aussprache auf lange Sicht oftmals für alle Beteiligten sehr viel klärender, als zwischenmenschliche Probleme oder unklare Arbeitssituationen einfach auszusitzen.

4. **Flexibel werden!** Wie wäre es, wenn Sie einfach einmal früher ins Büro kämen oder es später verließen als geplant? Durchbrechen Sie Ihre Routine. Seien Sie flexibel.

5. **Seien Sie ergebnisorientiert!** Sie haben einen sehr genauen Zeitplan für die anstehenden Aufgaben im Kopf. Vergessen Sie den doch mal von Zeit zu Zeit. Versuchen Sie, mehr das große Ganze zu sehen statt nur die einzelnen Schritte.

6. **Verändern Sie etwas!** Sie fahren gut mit dem, was Sie immer schon gemacht haben. Aber versuchen Sie auch einmal, neue Routinen zu entwickeln.

7. **Trauen Sie sich was!** Sie leisten oftmals sehr gute Arbeit und ärgern sich darüber, dass es niemand mitbekommt? Dann werben Sie für sich! Machen Sie im Team auch einmal deutlich, was Sie geleistet haben. Trauen Sie sich, hin und wieder einmal aufzutrumpfen.

Drei Schritte,
um Ihr Rhythmus-Management zu verbessern

Schritt 1: Neues zulassen

Bist du noch sauer?«, fragt Dennis, als er nach Hause kommt. Das Essen ist bereits abgeräumt. Die Gäste sind schon lange weg. Seine Frau wirft ihm nur einen wütenden Blick zu.

Statt mit ihr und dem befreundeten Pärchen zu Abend zu essen, hat er den ganzen Abend im Büro verbracht. Für Annalena ist das völlig unverständlich. Sie versteht nicht, warum nur ihr Mann so sehr an seiner Arbeit hängt. Für sie ist das ganz einfach: Feierabend ist Feierabend. Freie Zeit ist Zeit, die von Arbeit frei ist. Wieso versteht er das nur nicht?

»Aber wieso verstehst du denn umgekehrt nicht, dass mir mein Job wichtig ist?«, fragt Dennis zurück. »Ich kann ja nichts dafür, dass du deine Arbeit nicht magst.«

Das war ein Treffer. Annalena zuckt kurz zusammen. Es stimmt doch gar nicht, dass sie ihre Arbeit nicht mag.

»Zumindest redest du nie über deinen Job«, wirft ihr Mann ein.

»Weil ich finde, dass meine Arbeit meine Arbeit ist und mein Privatleben mein Privatleben.«

»Aber wenn du deine Arbeit mögen würdest, könntest du das gar nicht trennen.«

Das war ein Punkt. Annalena liegt an diesem Abend noch lange wach und denkt über die Worte ihres Mannes nach. Mag sie ihren Job wirklich nicht? Wenn sie ehrlich zu sich selbst ist, dann macht sie ihn in erster Linie, weil sie die Sicherheit mag, die er ihr bietet. Sie hat einen Festvertrag und ein gutes Einkommen. Aber so wirklich gefordert fühlt sie sich tatsächlich nicht. Sie hat schon länger einmal darüber nachgedacht, ihre Chefin zu fragen, ob sie nicht eine der vielen Projektgruppen übernehmen könnte, die in der Sparkasse, in der sie arbeitet, gerade aufgebaut werden. Aber sie traut sich nicht. Was, wenn sie einen Fehler macht? Was, wenn sie nicht den Erwartungen entspricht? In ihrem täglichen Geschäft hat sie sich eine Routine aufgebaut, und diese Routine wird von den Kollegen geschätzt. Warum sollte sie das aufgeben? Vielleicht, weil reine Sicherheit nicht glücklich macht?

Für Sie als *Traditionellen* ist es gar nicht so einfach, die bestehenden Strukturen und Routinen zu durchbrechen, an die Sie sich über viele Jahre gewöhnt haben. Das liegt daran, dass Sie sehr auf Sicherheit bedacht sind. Für Sie ist jede Veränderung auch ein Wagnis und ein potenzielles Risiko. Darum ist es für Sie in erster Linie wichtig zu lernen, sich auch einmal an Neues heranzutrauen. Das wird dazu führen, dass Sie Ihre Arbeit nicht mehr bloß als etwas verstehen werden, was Sie hinter sich bringen müssen. Das wird auch dazu führen, dass Sie Ihre Arbeit als etwas verstehen werden, das Ihnen Spaß macht. Worin Sie vielleicht sogar aufgehen. Wie also löst man sich von seinen Routinen?

> Es gilt, auch mal bestehende Strukturen und Routinen zu durchbrechen.

Während des Lockdowns zu Beginn der Corona-Krise lag ein Großteil der deutschen Wirtschaft brach. Die Menschen waren aus gesundheitlichen Gründen dazu gezwungen, zu Hause zu bleiben. Diese Zeit hat nicht bloß ökonomisch einiges an Schaden hinterlassen, sondern bei vielen auch eine ungewohnte Kreativität freigesetzt. Ein paar Beispiele: Rapper wie SSIO oder Sido mussten während der Corona-Krise ihre Touren absagen. Für Musiker ein riesiges Problem, denn im Streaming-Zeitalter liegen ihre Hauptverdienste im Live-Geschäft. Hätten sich besagte Künstler starr an die bestehenden Strukturen geklammert, dann hätten sie ein lukratives Geschäftsmodell verloren. Aber was haben die beiden besagten Rapper gemacht? Sie haben Autokinos gemietet, die Leinwand ab-, dafür eine Bühne aufgebaut: Und ihre Konzerte vor Fans gehalten, die dem im Auto folgen konnten. Auf diese Weise war der notwendige Sicherheitsabstand eingehalten.

Clubs, die aus denselben Gründen geschlossen bleiben mussten, haben ihre DJ-Sets einfach gestreamt. Und der YouTuber Fynn Kliemann hat seine Textilhersteller angewiesen, die Merchandise-Produktion für ihn einzustellen und stattdessen auf Atemschutzmasken umzustellen. In Serbien habe man allein mit dieser gesteigerten Produktion sogar achtzig Arbeitsplätze gerettet, die sonst gestrichen worden wären. Gab es für all diese spontanen Umschwünge ein Vorbild? Nein. Gingen die besagten Menschen ein Risiko ein? Klar. Das Geheimnis ist: einfach machen. Einfach anfangen. Im Leben gibt es nie eine Erfolgsgarantie. Manchmal sollten Dinge einfach mal ausprobiert werden.

Doch warum fällt es Ihnen oftmals so schwer, *einfach anzufangen?* Das hat etwas mit Psychologie zu tun. Der Mensch strebt nach Perfektion. Das ist sein Antrieb, und dieser Antrieb ist für sich genommen gut. Nur gibt es Menschen, die sich von dem Gedanken an das perfekte Ergebnis schnell ausbremsen lassen, weil es sie zu sehr einschüchtert. Dazu gehören vielleicht auch Sie? Versuchen Sie doch einmal, folgenden Gedanken zuzulassen: Beim Streben nach Perfektion geht es gar nicht darum, die Perfektion zu erreichen. Es geht um das Streben selbst.

In Asien gibt es das ästhetische Konzept des *Wabi-Sabi*. Es besagt, dass sich wahre Schönheit nicht im Offenkundigen zeigt. Wahre Schönheit ist immer verhüllt. Nehmen wir die Natur. Haben Sie jemals

Fehler und Rückschläge sind Teil des natürlichen Wachstums.

einen kerzengeraden Baum gesehen? Oder einen Fluss, der in einer klar nachvollziehbaren Linie verläuft? Nein, denn die Dinge passen sich immer ihrer Umgebung an. Der Baum passt sich den anderen Bäumen an, die neben ihm wachsen, der Fluss passt sich der ihn umgebenden Landschaft an. Und die Nichtperfektion des Menschen beweist, dass er sich perfekt an den Fluss des Lebens adaptiert. Ist das nicht ein wunderschöner befreiender Gedanke? Ein Gedanke, den Sie auch in Ihrer Arbeit berücksichtigen sollten. Ganz konkret bedeutet das: Fangen Sie einfach an! Haben Sie keine Angst vor Fehlern oder Rückschlägen, denn sie gehören zur Perfektion dazu und sind Teil des natürlichen Wachstums.

New-Work-Skill

Eine neue Kultur des Scheiterns und Lernens etablieren. In erfolgreichen Organisationen bildet das Scheitern die geradezu lebensnotwendige Grundlage, um zu wachsen. *Raise – Fail – Adapt – Grow* (etwa »Aufsteigen – Scheitern – Anpassen – Wachsen«) ist nicht nur das Leitprinzip in Silicon Valley (siehe dazu den Abschnitt »Best Practice: *Google* – Innovation über alles« in Kapitel 18), sondern auch die Natur bedient sich dieses Prinzips.

Schritt 2: Agiles Arbeiten

Als Annalena am Schreibtisch ihrer Sparkassenfiliale sitzt, ist sie gar nicht so richtig bei der Sache. Sie beobachtet ihre Kollegen. Es ist doch wirklich Tag für Tag dasselbe. Nichts ändert sich. Alles ist bloß eingespielte Routine. Jeder übernimmt die Aufgaben, die er schon immer übernommen hat. Bisher hat Annalena das gar nicht groß gestört. Sie weiß, was sie kann, sie weiß, in welchen Bereichen sie gut ist und in welchen ihre Kollegen einen besseren Job machen. Kreditberatungen? Da macht ihr niemand etwas vor. Aber Investment? Schwierig. Das kann der Herr Glasbauer besser, weiß sie. Und dennoch: Die letzten Tage hat sie viel nachgedacht. Und nach und nach das Bedürfnis entwickelt, doch einmal aus ihrer Routine auszubrechen.

Denken wir doch einmal in Extremen. Sie sind stark in Routinen und Strukturen gefangen. Doch was wäre der andere Pol, das andere Extrem? Nun, dafür gibt es einen Namen: *Agiles Arbeiten* (lat. *agilis* [beweglich, flink, leicht zu führen]). Ein besonderes Beispiel für agiles Arbeiten ist die Firma *Sipgate* in Düsseldorf. *Sipgate* ist spezialisiert auf das Thema »Internet-Telefonie«. Sie verkauft Handyverträge und Konferenz-Telefonanlagen für Unternehmen. Mit 180 Mitarbeitern ist sie eine eher kleine Firma. Und dennoch muss sie gegen große Player wie Vodafone bestehen. Also hat sie sich auf eine ganz neue Methodik eingelassen: das agile Arbeiten, und zwar in seiner konsequentesten Form. In dem Unternehmen gibt es keine Chefs, nur kleine Teams, die je nach anstehender Aufgabe immer wieder neu zusammengesetzt werden. Alle Entscheidungen treffen die Teams gemeinsam. Auch neue Kollegen stellen die Mitarbeiter selbst ein. Abteilungen sucht man vergebens, stattdessen arbeiten die Beschäftigten in funktionalen Einheiten. Alle paar Monate rotieren sie an ihrem Arbeitsplatz. Das Ziel dahinter ist klar: keine Gewohnheiten aufkommen lassen. Man will flexibel bleiben, um auf unerwartete Veränderungen reagieren zu können.

Agiles Arbeiten ist die unternehmerische Antwort auf die wachsende Komplexität, die sich in unserer Arbeitswelt vor allem seit Beginn der Digitalisierung verbreitet. Wer agil arbeitet, bricht mit allen tradierten Organisationsstrukturen und Hierarchien. Es geht darum, sich möglichst flexibel auf die jeweilige Aufgabe einzustellen, die vor einem liegt. Statt eines Top-down-Managements, das träge und behäbig ist, will man durch kleine Teams mit Selbstmanagement angemessen auf schnelle Veränderungen reagieren. Im Idealfall können sich diese Expertenteams auch unabhängig von ihrer eigentlichen Firma zusammenfinden, um Probleme zu lösen, die sie alle gleichermaßen betreffen.

Agiles Arbeiten statt Routinen

Auch wenn das Beispiel von *Sipgate* zugegebenermaßen außergewöhnlich ist, warum versuchen Sie nicht in kleinen Schritten, auch einmal innerhalb Ihres Unternehmens Formen von agiler Arbeit zu übernehmen? Schauen Sie genau hin, welche Projekte künftig anfallen und ob man diese auch außerhalb der eingeübten Muster und Strukturen bearbeiten kann. Warum nicht einmal ein Expertenteam für eine ganz besondere Aufgabe zusammenwürfeln, das sonst nicht zusammenfinden würde? Allein auf diese Weise durchbrechen Sie schon Ihre Routinen.

So hat es beispielsweise unser Freund Stephan Krug mit seiner Firma XKRUG gemacht, die komplexe Systemlösungen für die Entwicklung und Validierung von Fahrerassistenzsystemen (ADAS) anbietet. Das Ziel ist das zuverlässige Erkennen von Fahrbahnhindernissen, um Fahrzeugunfälle zu vermeiden. Für den Entwicklungsprozesse nutzt er bei XKRUG das Modell »RASIC« oder auch RACI. Das Akronym steht für ein Projektmanagement-Tool, das theoretisch alle nutzen können, um so ihr Wissen und ihre Erkenntnisse untereinander zu vernetzen und klare Zuständigkeiten und Befugnisse zu definieren. Die fünf sog. Zuständigkeitsmatrizen sind *responsible* (verantwortlich), *accountable* (rechenschaftspflichtig), *supported* (unterstützt), *informed* (informiert, zu informieren) und *consulted* (konsultiert). Diese Methodik für eine Kooperation innerhalb von Teams basiert auf dem Grundgedanken der Dezentralisierung. Wer es nutzt, kann selbst bei Großprojekten agiles Arbeiten gewährleisten, ohne dabei an Entscheidungskraft zu verlieren.

Im System kann zugeteilt werden, wer in welchem Team für die Aufgaben zuständig ist, aber bitte nicht verwechseln mit, wer verantwortbar gemacht werden kann, wie z.B. bei Vertragsinhalten in Angeboten. Es regelt vielmehr, wer mich bei Problemen unterstützt und ob bei Nichtgelingen der Vorgesetzte oder Kunden informiert werden müssen. Auf diese Weise können sich dynamische Teams zusammenstellen, sich auflösen und neu bilden, um an den jeweiligen Aufgaben zu arbeiten und zu gestalten. Und das Schöne: Das Ganze funktioniert auch unternehmensübergreifend, falls es wie bei XKRUG von der Geschäftsführung getragen und gelebt wird. Die Realität in vielen Unternehmen sieht jedoch leider anders aus, in der die Teams lieber unter sich bleiben und das Machtgefüge zulasten der Kooperation beibehalten wollen oder müssen.

New-Work-Skill

Denken Sie vom Ergebnis her! Wann bietet es sich an, eine tradierte Arbeitsstruktur auch mal aufzubrechen, um flexibel auf eine neue Situation zu reagieren?

Schritt 3: Eigene Projekte verwirklichen

Annalena ist wirklich überrascht. Ihre Chefin hat tatsächlich zugestimmt, dass sie gemeinsam mit Herrn Glasbauer und einem weiteren Kollegen im Team eine kleine Projektgruppe bildet, in der sie gemeinsam nach Synergieeffekten suchen. Der Gedanke dahinter ist einfach: Warum nicht einfach die Experten von Kreditvergabe und Investmentbanking zusammensetzen und gemeinsam überlegen lassen, wie man für die Kunden ein attraktives Paket schnüren kann? Annalena hat da tatsächlich eine Idee entwickelt. Aus ihrer eigenen Erfahrung weiß sie, dass Menschen, die Kredite beantragen, in der Regel immer nur einen Teil des Geldes für konkrete Anschaffung brauchen. Den Rest legen sie zurück. »Zur eigenen Sicherheit«, wie die Leute sagen. Warum bot man ihnen nicht direkt an, das restliche Geld klug anzulegen, wenn es denn schon einmal auf dem Konto war? Annalena findet, das ist ein guter Gedanke. Sie denkt daran, das Ganze »KreditInvest« zu nennen. Sie muss alles nur einmal genau durchrechnen, aber sie ist sich sicher, die Sache könnte funktionieren …

Beginnen Sie doch einmal damit, Ihr bisheriges Selbstbild zu analysieren. Wie sehen Sie sich selbst? Sehen Sie sich als eine Person, die bloß die Aufgaben abarbeitet, die man Ihnen einmal zugeteilt hat? Als Rädchen im Getriebe? Oder sehen Sie sich als aktiven Teil des Unternehmens, in dem Sie arbeiten? Als jemanden, der genauso viel dazu beiträgt, dass es der Firma gut oder schlecht geht, wie alle anderen? Die Wahrscheinlichkeit ist groß, dass

Sehen Sie sich als aktiven Teil des Unternehmens.

Sie sich selbst eher eine passive Rolle in Ihrer Eigenbewertung zuschreiben. Das liegt daran, dass Sie auch passiv agieren. Wenn Sie aber begännen, aktiv mitzudenken, wie Sie Ihr Unternehmen verändern könnten, dann würden Sie sich künftig viel mehr mit Ihrer Arbeit identifizieren. Weil sie ein Teil von Ihnen wird.

Versuchen Sie also, Ihr Unternehmen aktiv mitzugestalten. Fangen Sie dabei klein an. Gibt es Projekte, die Sie für sinnvoll erachten? Ein neues Kreditprogramm, das man in der Bank auflegen könnte? Eine neue Produktpalette, die man in einem Supermarkt aufnehmen könnte? Egal, was es ist, versuchen Sie, ein Konzept zu erstellen und Ihre Vorgesetzten davon zu überzeugen, es einmal zu probieren. Und wenn das klappt, dann gehen Sie noch einen Schritt weiter. Und fragen Sie, ob Sie nicht einen gewissen Prozentsatz Ihrer Arbeitszeit für genau solche Projekte ganz allgemein einsetzen können.

Ein Unternehmen lebt von Innovationen. Wieso sollen diese Innovationen nicht auch von den Mitarbeitern ausgehen? Gerade von Ihnen! Denn die Mitarbeiter kennen die Firma, in der sie arbeiten, wie sonst keiner. Sie kennen die Stärken und Schwächen, die Strukturen und die Routinen. Niemand wäre so gut in der Lage, diese zu durchbrechen, wie sie. Und: Die Mitarbeiter eines Unternehmens sind mehr als nur die Aufgabe, die sie jeden Tag übernehmen. Und *Sie* sind mehr als nur die Aufgabe, die Sie abarbeiten.

New-Work-Skill

Denken Sie über den Tellerrand Ihrer Routinen hinaus. Wenn Sie Ihr Arbeitsumfeld aktiv mitgestalten, erhöhen Sie auch Ihre eigene Lebensqualität.

Ein Tipp für Ihr Lebensintervall

Im Gegensatz zu dem »Intensiven« haben Sie kein großes Problem damit abzuschalten. Wenn Sie Feierabend haben, haben Sie Feierabend. Und den wissen Sie zu nutzen. Ihre Lebensintervalle sind entsprechend schon sehr gut organisiert. Sicher erinnern Sie sich noch an den ersten Teil des Buches, in dem wir über Work-Life-Intervalle gesprochen haben. Aus Ihrer Perspektive sind die Life-Intervalle etwas sehr Schönes, während die Work-Intervalle bloß ein notwendiges Übel darstellen, in das man Zeit investieren muss. Aber wenn Sie begännen, sich mit Ihrer Arbeit zu identifizieren, wenn Sie sogar begännen, in Ihrer Arbeit aufzugehen, dann wären Sie nicht mehr bloß mit einem Teil Ihres Work-Life-Intervalls glücklich, sondern würden aus beiden Teilen des Rhythmus Freude ziehen und Ihre Lebensqualität insgesamt verbessern.

Diese Arbeitszeiten passen zu Ihnen

Modell Fünf-Tage-Woche: Prüfen Sie, ob ein Arbeitstag von sechs Stunden für Sie passt. Damit gewinnen Sie *zwei Stunden Detox-Zeit* zusätzlich. Bauen Sie Detox-Zeiten bewusst am Wochenende ein, und achten Sie darauf, sich nicht mit den für Sie anstrengenden Themen zu beschäftigen.

Modell Vier-Tage-Woche: Sie integrieren in Ihren Arbeitstag zwei Stunden Detox-Zeit und bauen nach einem Arbeitstag (acht Stunden) einen oder zwei Detox-Tage ein. Versuchen Sie, die auf Sie entspannend wirkenden Arbeitsaufgaben nach und nach anteilig zu erhöhen.

Modell 3-Tage-Woche: Ideal wäre es, wenn Sie noch mehr Detox-Zeiten in Ihren Arbeitsalltag integrieren könnten. Machen Sie sich Gedanken darüber, welche Tätigkeiten Ihnen Freude und Energie liefern.

Wie Sie Ihre idealen Arbeitszeiten umsetzen können, zeigen wir Ihnen abschließend im Kapitel »S wie synchronisieren«.

Intervalltyp 3: Der Flexible

So ticken Sie

Für Sie ist die ganze Welt ein großer Abenteuerspielplatz. Sie sind neu- und wissbegierig, lernen ständig Neues hinzu und saugen Informationen, die Sie interessieren, auf wie ein Schwamm. Ihr Kopf arbeitet ständig. Sie produzieren jede Menge Ideen. Das liegt auch daran, dass Sie nicht nur vielseitige Interessen, sondern auch vielseitige Talente haben. Sie denken in alle Richtungen, interessieren sich für Politik, Wirtschaft und Kultur gleichermaßen. Und aus all diesen Bereichen ziehen Sie Inspiration. Sie haben unzählige Projektideen in Ihrem Kopf, die Sie nur zu gern umsetzen wollen. Ein einfaches Angestelltenverhältnis mit den immer gleichen Routinen limitiert Sie.

Sie sind sehr *freiheitsliebend*, und wenn man diese Freiheit einschränkt, dann fühlen Sie sich extrem beschnitten. Sie brauchen mehrere unterschiedliche Aufgaben und benötigen für Ihre Aufgaben deutlich mehr Frei- und Spielraum als die Kollegen, weil Sie davon besessen

Tanzen Sie nicht auf zu vielen Hochzeiten.

sind, Ihre Aufgaben »eigenhändig« und gewissenhaft auszuführen. Ihre große Stärke ist aber auch Ihr großes Problem: Denn Sie neigen dazu, auf zu vielen Hochzeiten zu tanzen. Und Sie verzetteln sich dabei. Für Sie ist es besonders wichtig, ein kleines Stück weit mehr Beständigkeit in Ihr Leben zu bekommen. Einen Anker zu finden, damit Sie nicht wegfliegen.

Ihre Stärken im Arbeitsalltag:

- Sie sind extrem kreativ und denken über den Tellerrand hinaus.
- Sie denken interdisziplinär.
- Sie sind schnell begeisterungsfähig und verwirklichen Ihre Projekte mit Enthusiasmus.

Ihre Schwächen im Arbeitsalltag:

- Sie neigen dazu, den Zeitbedarf für die vielfältigen Aufgaben zu unterschätzen oder sich in Einzelheiten zu verlieren.
- Sie überanalysieren alles oder sind von vielem gleichzeitig begeistert und machen sich zu viele Pläne für Verschiedenes.
- Sie brauchen zu lange, um auf den Punkt zu kommen oder das zumindest so empfinden.

Sieben New-Work-Skills, um Ihren Arbeitsalltag zu verbessern

1. **Spezialisieren Sie sich!** Sie haben die Tendenz, auf mehreren Hochzeiten gleichzeitig zu tanzen. Dabei binden Sie sich auf allen Seiten. Konzentrieren Sie sich verstärkt auf die Aufgaben, die Ihnen besser liegen, durch Vertiefung und Spezialisierung. Reduzieren Sie hingegen diejenigen Aufgaben, die Sie mehr oder minder aus Verpflichtung oder als *Nice to have* machen.

2. **Arbeiten Sie auf ein Ergebnis hin!** Sie wissen bereits, dass Ihre Chefs und Geschäftspartner nicht die geleisteten Arbeitsstunden oder der Weg zum Ergebnis interessieren, sondern das Ergebnis selbst. Darauf sollten auch Sie den Fokus legen.

3. **Verschlanken Sie Ihre Abläufe!** Sie neigen dazu, viel auf einmal schaffen zu wollen. Gehen Sie schrittweise vor, und integrieren Sie nach *Kaizen* kleine Mikroschritte zur Veränderung. Lernen Sie, Entscheidungen zu treffen, auch wenn Ihnen weniger Informationen zur Verfügung stehen, als Ihnen lieb ist.

4. **Limitieren Sie sich!** Sie geraten oft unter Zeitdruck, weil Sie sich zu viel vornehmen. Setzen Sie sich für die Erledigung Ihrer vielfältigen Aufgaben ein striktes Limit.

5. **Lösen Sie sich von der Perfektion!** Sie möchten alle Themen zu 100 Prozent erledigen. Aber sehen Sie das Ganze doch einmal anders: Perfektion ist kein Zustand, sondern ein Konzept. Nichts ist jemals perfekt, entsprechend reicht es, wenn Sie Ihre Aufgaben bestmöglich lösen. Lernen Sie, die Perfektion des Nichtperfekten zu akzeptieren.

6. **Definieren Sie einen Anker!** Einerseits benötigen Sie viel Freiraum, andererseits verlieren Sie manchmal die Stabilität. Um sich Ihrer Position, an der Sie gerade stehen, bewusst zu werden, stabilisieren Sie sich durch Momente des

Innehaltens und innerer Rückschau, indem Sie sich Ihre Ziele vor Augen führen.

7. **Keine Gewohnheiten aufkommen lassen!** Sie sind es gewohnt, mit Ihren Aufgabenstellungen flexibel umzugehen. Doch die Versuchung, sich auf Standards auszuruhen, ist groß, und es besteht das Risiko, der Versuchung zu erliegen. Entwickeln Sie eigene Erkennungsmechanismen, sobald sich Routinen in Ihren Arbeitstag einschleichen.

Drei Schritte, um Ihr Rhythmus-Management zu verbessern

Schritt 1: Setzen Sie sich Ziele

Mit einer kleinen Handbewegung gibt Christian dem Kellner das Zeichen, dass er ihm doch bitte noch einen Cosmopolitan bringen möge. Christian sitzt in einer stylischen Bar in New York, irgendwo weit über den Dächern der Stadt, und beobachtet das bunte Treiben. Die Sonne geht langsam unter. Er lächelt selbstzufrieden. Dann zieht er sein Handy aus der Hosentasche und schreibt seiner Frau Caroline eine Nachricht. »Gut hier«, tippt er. »Mit dem Symposium hat alles geklappt. Jetzt ein bisschen Sightseeing.«

Dann macht er ein Foto von dem wirklich atemberaubenden Ausblick und schickt es ihr. Christian ist eigentlich Angestellter in einem kleinen Tech-Start-up. Aber nebenbei beschäftigt er sich noch mit anderen Dingen. Er führt einen Blog zur politischen Lage in Nahost, weil ihm das Thema schon seit seiner Schulzeit am Herzen liegt. Und er engagiert sich in verschiedenen Vereinen zur Wirtschaftsförderung. Sein großes Thema: die »New

Work«. Er hat sich da richtig reingefuchst und ist mittlerweile ein begehrter Gesprächspartner geworden. Sodass man ihn sogar als *German gastredner* auf ein kleines, aber prominent besetztes Symposium eingeladen hat. Hier in New York. Christian hat den Termin natürlich wahrgenommen. Für ihn ist das eine willkommene Abwechslung, und er hatte ohnehin noch einige Urlaubstage frei.

Als *Flexibler* gibt es nichts, was Sie so sehr genießen wie Ihre Freiheit. Sie sind so voller Tatendrang und Energie, dass Ihre eigentliche Arbeit Sie schon lange nicht mehr auslastet. Also nehmen Sie jede Gelegenheit wahr, auch außerhalb Ihres Unternehmens spannende Projekte zu realisieren. Den Hinweis, dass Sie sich dabei eventuell übernehmen könnten, fassen Sie als Beleidigung auf. Der Gedanke, sich *nicht* nebenbei noch mit Aufgaben beschäftigen zu können, die Ihnen Freude bereiten, ist für Sie eine Limitierung, eine Beschneidung Ihrer Bedürfnisse.

Keine Sorge, wir wollen Ihnen Ihre Nebenbeschäftigungen auch gar nicht ausreden. Im Gegenteil. Doch wenn Sie es schaffen, Ihre Energie in bestimmte, vordefinierte Bahnen zu lenken, dann können Sie noch sehr viel mehr aus Ihrem unglaublichen Energiereservoir herausholen.

Smart planen, um die Energie zu kanalisieren

Darum ist es wichtig für Sie zu planen, damit Sie den Überblick nicht verlieren. Am Anfang jeder Planung steht aber immer ein Ziel. Es ist zunächst einmal wichtig für Sie, Ihre Ziele zu kennen. Denken Sie daran, Ihre Ziele *smart* zu definieren:

- **s**pezifisch,
- **m**essbar,
- **a**kzeptiert,
- **r**ealistisch und
- **t**erminiert.

Was genau wollen Sie eigentlich erreichen? Danach können Sie in die Optimierung einsteigen. Mögliche Antworten auf Ihre beruflichen Zielsetzungen könnten sein:

- Ich will produktiver werden.
- Ich will effektiver werden.
- Ich will kreativer werden.
- Ich will schneller werden.
- Ich will freier werden.
- Ich will selbstbestimmter arbeiten.
- Ich will die Nummer eins werden.

Wir möchten Ihnen nahelegen, bei der Wahl Ihrer Ziele die Devise *Purpose over Profit* zu berücksichtigen: »Zweckhaftigkeit über Profit«. Denn Ziele, die rein gewinnorientiert sind, währen nicht lange. Warum? Die Idee, einen hohen Umsatz erreicht zu haben, erzeugt eine kurzfristige Befriedigung und Zufriedenheit, doch sie zwingt dazu, die Umsatzziele im nächsten Jahr wieder zu übertreffen. Die Zufriedenheit speist sich ausschließlich aus einer Zahl, aus einem Bonus oder einem geldwerten Vorteil. Fällt auf einmal die Referenz weg, wie etwa bei einer Inflation, hat das Geld keinen Wert mehr.

Wenn man sich hingegen auf einen Zweck fokussiert, bleibt dessen Wert bestehen, weil grundsätzlich die Fähigkeit – zum Beispiel höhere Produktivität – nicht verloren geht und immer wieder zum Einsatz kommen kann. Diese Erkenntnisse sind übrigens auch bei den ganz großen Unternehmen mittlerweile angekommen.

Halten Sie sich an die Devise Purpose over Profit.

Auf dem 50. Weltwirtschaftsgipfel in Davos (21.–24. Januar 2020) wurde *Purpose over Profit* zu einer der zentralen Diskussionsgrundlagen.

Schritt 2: Lernen Sie, auch einmal Nein zu sagen

Als Christian in sein Hotelzimmer zurückkehrt, steigt auch wieder sein Stressniveau. Das Symposium war gut, keine Frage. Der Abend in der hippen Bar eine willkommene Auszeit, doch jetzt fällt ihm wieder ein, dass doch noch einiges an Arbeit ansteht. Christian hatte sich bereit erklärt, der Stiftung, die ihn eingeladen hatte, einen mehrseitigen Bericht zu schreiben. Als er zugesagt hatte, schien ihm das überhaupt kein Problem zu sein, schließlich freute er sich auf die Reise in die Staaten und den Vortrag. Aber jetzt, wo die tatsächliche Arbeit anfällt, ist sie ihm eine Last.

Er setzt sich auf sein Bett und massiert sich die Schläfen. Dieser nervige Bericht: Hätte er ihn doch in seinem Übereifer bloß nicht so schnell zugesagt!

Wenn Sie Ihr Rhythmus-Management optimieren wollen, sollten Sie eine Fähigkeit beherrschen, die so einfach und so banal klingt, dass viele Leser sich wundern werden, dass wir sie hier überhaupt beschreiben. Wer Herr über seine Arbeitszeit sein möchte, der sollte lernen, gegebenenfalls auch einmal *Nein zu sagen.* Wo liegt das Problem?, könnte man sich denken. Ein Nein kommt uns vermeintlich leicht über die Lippen. Das stimmt. Aber das gilt nicht für unseren Job! Wenn Ihr Chef zu Ihnen kommt und Sie fragt, ob Sie die für Freitag angeforderte Präsentation auch bis Donnerstag schaffen würden – können Sie da Nein sagen? Wenn der freundliche Kollege, den Sie so besonders gut leiden können, Sie bittet, noch eine Aufgabe zu übernehmen, von der Sie wissen, dass sie Ihnen leichtfällt, während er seit Stunden daran verzweifelt? Können Sie Nein sagen, wenn die Kollegin ganz aufgelöst anruft und fragt, ob Sie noch ausnahmsweise ihre Schicht übernehmen könnten, da ihr kleines Kind mit Fieber zu Hause liegt und sie partout keinen Babysitter auftreiben kann? Seien wir ehrlich, das fällt uns schwer. Und Ihnen als flexiblem Typen fällt es besonders schwer abzusagen. Sie sind doch dafür bekannt, dass Sie gern einmal einspringen, wenn Not am Mann ist. Das ist nicht überraschend.

Das Problem, in seinem Arbeitsumfeld *Nein zu sagen,* hat den psychologischen Hintergrund, dass der Mensch seinen Kollegen und Vorgesetzten gefallen möchte. Und jede Umgebung, in der wir uns befinden, erfordert eine andere soziale Rolle, deren wir uns bedienen. Das *Weil wir gefallen wollen, sagen wir nicht Nein.* können Sie ganz leicht bei sich selbst beobachten: Wenn Sie mit Ihren engsten Freunden unterwegs sind, verhalten Sie sich anders, als wenn Sie mit Ihrem Ehepartner zusammensitzen oder Ihre Eltern besuchen. Jeder soziale Raum, den Sie betreten, lässt Sie in eine andere Rolle schlüpfen. Und wenn Sie zur Arbeit gehen, dann schlüpfen Sie nun einmal in die Rolle des Angestellten.

Ein Angestellter, so haben wir es zumindest bis jetzt immer gelernt, wird nicht über seine Persönlichkeit, sondern über seine Qualifikation und seine Fähigkeiten bewertet. Man kann der charmanteste und freundlichste Mensch der Welt sein und wird wahrscheinlich dennoch nur sehr schwer einen Software-Entwicklerposten in einem führenden IT-Unternehmen bekommen, wenn man zuvor Germanistik studiert und noch nie einen Computer angeschaltet hat. Auf der Arbeit wurden wir bislang nach unserer Professionalität bewertet. Und weil wir unserem sozialen Arbeitsumfeld gefallen wollen, möchten wir nicht den Eindruck hinterlassen, eine uns gestellte Aufgabe nicht bewältigen zu können. Wir wollen nicht den Eindruck hinterlassen, dass wir nicht belastbar wären oder unseren Kollegen in besonderen Situationen nicht helfen würden. Denn umgekehrt fänden wir es ja wohl auch ärgerlich, würde man uns nicht helfen. Oder?

Versetzen Sie sich bei jedem Einzelfall in die Lage des Gegenübers. Wäre es wirklich so schlimm, wenn die Präsentation, die ohnehin erst nächste Woche vorgeführt wird, am Freitag statt am Donnerstag fertig wäre? Reicht es nicht, wenn Sie dem Kollegen einen Hinweis geben, wie er die Lösung zu seinem Problem selbst findet, statt es ihm ganz aus der Hand zu nehmen? Und was wäre, wenn die Kollegin einfach mit dem kranken Kind zu Hause bliebe – und die Schicht gar nicht besetzt würde?

Denken Sie einmal zurück an Charlie Munger, den beinah hundertjährigen Geschäftspartner von Warren Buffett, der sagte: »Pay Yourself First.« Sie sind Ihrem Chef und Ihren Kollegen eine sehr viel größere Hilfe im Arbeitsalltag, wenn Sie *Ihre* Aufgaben einfach exzellent bewältigen, statt sich zu überfordern. Wenn Sie sich verzetteln und mehr annehmen, als Sie eigentlich leisten können, dann schaden Sie nicht bloß sich selbst, sondern am Ende auch allen anderen. Entsprechend gilt: Prüf die Wünsche und Bitten, die dir angetragen werden, ganz genau. Kannst und willst du sie

Nein sagen, ohne andere vor den Kopf zu stoßen

wirklich erfüllen? Oder ist es nicht hin und wieder sogar sinn-voll, Nein zu sagen? Und wenn Sie sich entscheiden, Ja zum *Nein zu sagen,* dann sagen Sie es so, dass Sie niemanden vor den Kopf stoßen. Etwa mit diesen vier Möglichkeiten.

- **Ein charmantes Nein:** »Ich würde dir wirklich wahnsinnig gern helfen, aber bis Ende der Woche habe ich eine

  Ja zum Nein-Sagen

  Deadline für ein eigenes Projekt, das unbedingt fertig wer-den muss.«
- **Ein entgegenkommendes Nein:** »Ich krieg das im Mo-ment wirklich nicht hin, ich bin zu eingespannt. Aber ich kenne jemanden, der dir da vielleicht helfen kann. Oder du wartest einfach noch eine Woche? Dann habe ich auch selbst wieder etwas mehr Luft.«
- **Ein dankbares Nein:** »Ich weiß das wirklich sehr zu schät-zen, dass du mir zutraust, dass ich dir bei deiner Aufgabe helfen kann. Aber ich fürchte, ich bin da wirklich der fal-sche Ansprechpartner.«
- **Ein verständnisvolles Nein:** »Ich habe volles Verständnis für dein Problem, aber bitte versteh du mich auch. Ich bin völlig ausgebucht und habe bis Freitag einen Termin nach dem anderen. Ich kann dir leider jetzt nicht helfen.«

Übrigens, es muss ja nicht immer ein *Nein* sein. Es gibt auch Leute, denen es sehr schwerfällt, »Ja« zu sagen. Auch das kann man lernen und mit der Gewohnheit brechen, etwas immer wieder abzulehnen. Es kann durchaus von Vorteil sein, in Dis-kussionen eine bejahende Haltung zu signalisieren, statt im-mer kritisch zu bleiben.

Schritt 3: Stimulieren Sie sich selbst

Christian schaut auf die Uhr. Es ist bereits 4.00 Uhr morgens. Und er kommt einfach nicht voran. Er hat überhaupt keine Idee, was er in den Bericht schreiben soll. Allein schon beim Einstieg in den Text kommt er ins Schwimmen. Er schaut sich um. Dieses hässliche Hotelzimmer. Es ist so klein. Nur ein Bett, ein Schreibtisch, der nicht mal ein Schreibtisch ist, und ein Fenster. Aber es hilft ja alles nichts, der Bericht muss irgendwie fertig werden. Und morgen, da würde er ja auch schon wieder zurückfliegen. Nach Hause. Zu seiner Frau Caroline.

Da Sie so unterschiedliche Interessen haben und an so vielen Projekten zeitgleich arbeiten, wird Ihnen eine Aufgabe schnell langweilig. Der Vorteil ist: Da Sie meist genügend andere Projekte auf dem Schreibtisch haben, wird es Ihnen nicht schwerfallen, auf eine Tätigkeit zu switchen, die Ihnen Spaß macht. Der Nachteil: Nicht immer geht das. Denn es gibt Deadlines, an die auch Sie gebunden sind. Manchmal muss eben etwas fertig werden, auch wenn Sie gar keine Lust darauf haben, gerade genau an diesem Thema zu arbeiten. Ihnen fällt es dann auch noch einmal schwerer als anderen, sich wirklich damit zu befassen.

Aber es gibt Möglichkeiten, den »inneren Schweinehund« zu überwinden. Das Gehirn ist ein manipulatives Organ. Es reagiert, besonders bei Ihnen, allergisch auf Routinen. Also durchbrechen Sie diese. *Durchbrechen Sie Routinen.* Sie müssen ein Manuskript fertig schreiben? Dann fangen Sie spielerisch an. Drucken Sie sich alle Seiten aus, die Sie schon haben. Nehmen Sie das Papier in die Hand, blättern Sie herum, riechen Sie daran. Nähern Sie sich Ihrer Aufgabe also mal von einer ganz anderen Seite. Das Gehirn wird neue Impulse empfangen. Und wieder neugierig werden. Oder wechseln Sie den Arbeitsort. Gehen Sie in ein Café oder in ein Schwimmbad, und schreiben Sie Ihren Text dort. Das ist ein alter Trick, den Sie sich bei Künstlern abschauen können. Die besten Alben der Musikgeschichte sind in sehr speziellen Studios entstanden. Die besten Romane der Welt garantiert nicht immer am Schreibtisch des Autors. Geben Sie Ihrem Gehirn neue Impulse, damit es neugierig wird und Sie in Arbeitslaune kommen.

Ein Tipp für Ihr Lebensintervall

Setzen Sie sich Anker. Sie haben so viele Interessen und so viele Gedanken in Ihrem Kopf, dass es Ihnen schwerfällt, sich lange auf etwas zu konzentrieren. Kaum haben Sie ein Thema bearbeitet, fliegen Sie gedanklich schon zum nächsten. Das ist nicht bloß in Ihrem Arbeits-, sondern auch in Ihrem Privatleben problematisch. Ihre Mitmenschen können Ihnen vielleicht gar nicht immer so folgen. Bauen Sie dafür Verständnis auf, und versuchen Sie, Ihre Umwelt nicht mit Ihrer Gedankenflut zu überfordern. Setzen Sie sich dafür Anker. Etablieren Sie für sich eigene *Rituale,* die Ihnen Freude machen und aus denen Sie Kraft schöpfen: einmal in der Woche mit Ihrem besten Freund zum Sport gehen und dort *nur* über Fußball sprechen, einmal im Monat ins Theater und dort *nur* Kulturthemen diskutieren.

Diese Arbeitszeiten passen zu Ihnen

Modell Vier-Tage-Woche: Sie integrieren in Ihren Arbeitstag vier Stunden Arbeitszeit, die Sie wirklich machen wollen, indem Sie noch mehr Aufgaben wählen, die Sie erfüllen. Bauen Sie nach einem Arbeitstag einen oder zwei Detox-Tage ein. Versuchen Sie, die auf Sie motivierend wirkenden Arbeitsaufgaben nach und nach anteilig zu erhöhen.

Modell Drei-Tage-Woche: Ideal wäre es, wenn Sie noch mehr Detox-Zeiten in den Arbeitsalltag integrieren könnten. Machen Sie sich Gedanken darüber, welche Tätigkeiten Ihnen Freude und Energie liefern.

Wie Sie Ihre idealen Arbeitszeiten umsetzen können, zeigen wir Ihnen abschließend im Kapitel »S wie synchronisieren«.

Intervalltyp 4: Der Engagierte

So ticken Sie

Sie nehmen die Dinge gern selbst in die Hand. Jeden Rahmen, den man Ihnen vorgibt, empfinden Sie als eine Qual. Feste Arbeitszeiten? Bitte nicht! Feste Arbeitsorte? Um Gottes willen! Sie brauchen kein Büro, denn Sie haben einen Laptop. Arbeiten können Sie immer an dem Ort, an dem Sie gerade sind. Warum sollten Sie also Tag für Tag an einen bestimmten Platz fahren, um das zu absolvieren, was Sie auch woanders erledigen können? Sie brauchen auch keine festen Arbeitszeiten, denn Sie teilen sich die Zeit, in der Sie arbeiten können, selbst ein.

Ihre große Stärke ist Ihre Selbstständigkeit. Sie sind extrem gut organisiert, haben Ihren Kalender immer im Blick und wissen, was Sie wann am besten machen. Wenn Sie bei Ihrer Arbeit aber auf andere Personen angewiesen sind, empfinden Sie das oft als Einschränkung. Sie sind nicht *Ihr großer Antrieb ist die Selbstbestimmung.* sonderlich teamfähig, weil Sie sich bloß auf sich selbst verlassen. Entsprechend arbeiten Sie in der Regel selbstständig oder freiberuflich. Wenn Sie nicht selbstständig sind, arbeiten Sie in Firmen, die Ihnen die Freiräume geben, die Sie brauchen. Ihr großer Antrieb ist die *Selbstbestimmung*. Sie leben stark in der Gegenwart und arbeiten immer genau dann am besten, wenn Ihnen Ihre innere Uhr vorgibt, dass Sie gut arbeiten können.

Ihre Stärken im Arbeitsalltag:
- Sie sind außergewöhnlich spontan und selbstbestimmt. Das ist gut für die Kreativität.
- Sie stellen sich gern neuen Herausforderungen.
- Sie können sich sehr schnell auf eine neue Situation fokussieren.

Ihre Schwächen im Arbeitsalltag:

- Sie sind sehr eigenwillig. Das sorgt manchmal für unsaubere Ergebnisse.
- Sie neigen dazu, sich zu sehr in zu viele Aufgaben zu verstricken.
- Sie schauen lieber auf das große Ganze als auf die kleinen Details.

Sieben New-Work-Skills, um Ihren Arbeitsalltag zu verbessern

1. **Step by step!** Sie neigen dazu, sich selbst zu überfordern. Beenden Sie eine angefangene Aufgabe, bevor Sie eine neue übernehmen. Gehen Sie Schritt für Schritt voran, statt gleich alles haben zu wollen. Werden Sie zum »fokussierten Tiger«, und entscheiden Sie sich im Zweifel für *just one thing*. Wenn Sie an einem Tag die eine Sache perfekt gemacht haben, dann strukturiert sich der nächste Tag leichter.

2. **Bleiben Sie in der Realität!** Sie verfügen bereits über die begehrenswertesten Ressourcen des New-Work-Kosmos: Kreativität und Intuition. Sie inspirieren sich überall und inspirieren andere. Sie nehmen Unterbrechungen gern zum Anlass, sich Ihren Tagträumereien hinzugeben. Versuchen Sie, den Fokus zu halten, und fahren Sie nach Unterbrechungen sofort mit der begonnenen Aufgabe fort.

3. **Lassen Sie auch mal los!** Sie mögen es, die Dinge unter Kontrolle zu haben, die Menschen in Ihrem Team zusammenzuhalten und über allem ein wachsames Auge zu haben. Doch rennen Sie unwichtigen Dingen nicht dauernd hinterher. Damit vergeuden Sie bloß Ihre Energie.

4. **Machen Sie eine To-do-Liste!** Listen finden Sie albern? Haben Sie doch sowieso alles im Kopf? Warum verzetteln Sie sich dann so oft? Probieren Sie es einfach aus. Arbeiten Sie mit Smart Workspace, zum Beispiel von *Citrix*. Office 365, Slacks, digitalen Messenger-Diensten wie Telegram (eine kostenlose Lösung). Listen Sie alle zu erledigenden Aufgaben auf, priorisieren Sie diese, und haken Sie sie danach ab.

5. **Nehmen Sie die Außensicht ein!** Neben Ihrer eigenen Sicht gibt es um Sie herum andere Meinungen, die Ihren eigenen Arbeitstag optimieren können. Fragen Sie sich: Was würde Herr X denken? Wie würde Frau Y das Problem lösen? Versuchen Sie, sich in Ihr Gegenüber hineinzuversetzen, versuchen Sie zu verstehen, warum jemand anders zu einer bestimmten Äußerung gekommen ist. Seien Sie dabei großzügig.

6. **Räumen Sie auf!** Sie sind chaotisch, und das wissen Sie! Es hilft manchmal schon, eine äußere Ordnung herzustellen, um auch innerlich sehr viel aufgeräumter zu sein. Fangen Sie doch bei Ihrem Schreibtisch an.

7. **Reden oder spekulieren Sie weniger!** Sie sind ein sehr geselliger Typ, Sie lieben es, im Büro mit den Kollegen zu fraternisieren und über Möglichkeiten auszutauschen, und das ist auch gut so. Aber achten Sie darauf, dass es nicht überhandnimmt. Ein bisschen weniger Schwatz und wiederholtes Überdenken des Konzepts sorgen für deutlich mehr Effizienz.

Drei Schritte,
um Ihr Rhythmus-Management zu verbessern

Schritt 1: Lernen Sie zu kooperieren

Als Caroline abends nach Hause kommt, ist sie ganz aufgedreht. Das Abendessen bei Annalena Thelen, ihrer alten Schulfreundin, war wirklich wunderbar. Man hatte sich mal wieder prächtig verstanden und viele Geschichten ausgetauscht.

»Nur komisch, dass ihr Mann Dennis gar nicht da war, oder?«, fragt Christian.

Caroline zuckt mit den Schultern: »Er musste wohl arbeiten.«

»Na ja«, sagt Christian und gibt seiner Frau einen Kuss. »Es kann ja nicht jeder so gut organisiert sein wie du.«

Caroline lächelt. Sie weiß, dass ihr Mann recht hat. Denn wenn Caroline eine Sache beherrscht, dann ist das Selbstorganisation. Sie schaut auf die Uhr. Es ist kurz vor Mitternacht, aber sie ist so energiegeladen, dass sie jetzt noch ein wenig arbeiten will. Ihr Mann macht sich bereits bettfertig, als sie den Laptop aufklappt und an neuen Entwürfen arbeitet. Caroline ist Grafikdesignerin.

»Musst du morgen nicht ins Büro?«, fragt Christian, als er seine Frau komplett in ihre Skizzen vertieft im Arbeitszimmer sieht.

»Nicht, wenn ich nicht will …«, lächelt sie. »Du weißt doch, ich kann meine Arbeitszeit selbst einteilen.«

»Ich gehe ins Bett«, sagt Christian. »Ich bin noch völlig geschlaucht. Du weißt ja … der Jetlag.«

Als *Engagierter* sind Sie bereits sehr gut organisiert. Sie kommen gut allein zurecht, haben Ihr Zeitmanagement fest im Griff und sind auch ein wenig der Überzeugung, dass Kollegen eher ein notwendiges Übel als hilfreiche Partner sind. Sie sind kein wirklicher Teamplayer. Doch in unserer modernen Arbeitswelt ist es wichtig zu *kooperieren*. Erst auf diese Weise schaffen Sie es, über Ihr eigenes Potenzial hinauszuwachsen.

Die erste Lektion für Sie ist es also, ein wenig Mannschaftsspiel zu lernen. Sie haben aber doch schlechte Erfahrungen im Team gemacht? Das könnte vielleicht daran liegen, dass Sie im falschen Team gearbeitet haben. Dass die Gruppe falsch zusammengestellt war. Denn ein Team besteht immer aus Personen. Und Personen haben Persönlichkeiten.

Der in Massachusetts geborene Psychologe William Moulton Marston (1893–1947) hat sich sehr intensiv mit diesen Persönlichkeiten befasst. Bei seinen Untersuchungen stellte er fest, dass es vier wiederkehrende Verhaltensgrundmuster gibt, von denen aus er *vier Persönlichkeitstypen* ableitete, die er mit den Begriffen *Dominance* (Dominanz), *Inducement* (Veranlassung), *Submission* (Unterwerfung) und *Compliance* (Befolgung, Einhaltung) überschrieb (DISC). Auf Grundlage dieser vier Typen entwarf der amerikanische Psychologe und Unternehmer Prof. Dr. John G. Geier (1934–2009) in den 1960er-Jahren das heute anerkannte *DISG-Modell*.[3] Es ist leicht abgewandelt und bestimmt vier Verhaltensstile, die bei Menschen auftauchen: den dominanten, den initiativen, den stetigen und den gewissenhaften Stil.

Was das alles mit Ihnen und Ihren Kollegen zu tun hat? Nun, ein Team ist dann ein gutes Team, wenn die Persönlichkeiten in diesem Team gut durchmischt sind. Wenn Sie selbst etwa zu einem *dominanten* Verhaltensstil neigen, dann ist es absolut sinnvoll, sich mit *Stetigen* und *Gewissenhaften*

> *Es gibt vier typische Verhaltensstile: dominant, initiativ, stetig und gewissenhaft (DISG).*

zusammenzuschließen. So kommen Sie zur perfekten Entfaltung. Bilden Sie allerdings ein Team mit anderen *Dominanten*, sind Spannungen vorprogrammiert.

In folgendem »Schnell-Test« können Sie nun ganz einfach herausfinden, welchem Persönlichkeitstyp Sie entsprechen. Lehnen Sie sich einen Augenblick zurück, und denken Sie darüber nach, wie Sie dieses Buch in die Hand genommen haben:

1. Haben Sie *ungeduldig* durchgeblättert und sich gleich gefragt, »Welcher Beitrag bringt mir etwas?«, weil Sie Zeitverschwendung ablehnen und schnell konkrete Ergebnisse sehen wollen?

2. Haben Sie *neugierig* auf die Autoren geachtet: »Wer schreibt denn hier?« Haben Sie die Abbildungen angeschaut, überlegt, was Lust aufs Lesen macht, und dann mal hier, mal da angelesen, bis Ihnen einfiel, dass Sie ja eigentlich die E-Mails checken und ein Telefonat führen sollten?

3. Haben Sie nach *vertrauten* Namen und Begriffen gesucht, sich in Ruhe überlegt: »Worüber möchte ich denn mehr erfahren?«, und dann entschieden, dass Sie mehr Muße brauchen und vielleicht am Wochenende mit der Lektüre beginnen sollten?

4. Haben Sie zuerst das Inhaltsverzeichnis *gründlich* studiert, um sich einen Überblick zu verschaffen, anschließend eine Vorauswahl getroffen und im dritten Schritt die Beiträge angekreuzt, die Sie nach einem Blick auf die Zusammenfassungen gründlich durcharbeiten wollen?

Die vier kurz skizzierten *Lesertypen* spiegeln in dieser Reihenfolge zumindest in Ansätzen die *Verhaltensstile D, I, S und G* des »persolog® Persönlichkeits-Profils« wider.[4] Jeder Mensch verfügt über alle vier Verhaltensstile, wenn auch in unterschiedlicher Ausprägung. Was würden Sie nachstehend in den vier Feldern ankreuzen, wenn Sie maximal sechs Aussagen markieren dürften? Sehr wahrscheinlich werden Sie sich in Beispielaussagen verschiedener Verhaltenstendenzen wiederfinden, jedoch mit Schwerpunkten in bestimmten Bereichen.

Der DISG-Test (Kurzversion)[*]

Dominanz	Initiative
»Ich weiß, was ich will!« Menschen mit dominanter Verhaltenstendenz sind selbstbewusst, zielstrebig und bestimmend. Sie zeichnen sich durch hohe Willenskraft aus, nehmen Herausforderungen an und gestalten ihre Umgebung aktiv. Die Kehrseite der Medaille: Auf die Gefühle und Bedürfnisse anderer nimmt dieser Verhaltenstyp wenig Rücksicht. Diese Verhaltenstendenz ist bei Ihnen ausgeprägt, wenn Sie folgenden Aussagen überwiegend zustimmen:	»Gemeinsam sind wir stark!« Menschen mit initiativer Verhaltenstendenz sind lebhaft, optimistisch und gesprächig. Sie gehen offen und freundlich auf andere Menschen zu, möchten sie begeistern und mitreißen. Sie scheuen sich nicht, Emotionen zu zeigen. Die Kehrseite der Medaille: Im Überschwang zetteln sie schon mal zu viele Projekte an und bringen dann Dinge nicht richtig zu Ende. Sie wirken bei allem Enthusiasmus auf andere gelegentlich oberflächlich. Diese Verhaltenstendenz ist bei Ihnen ausgeprägt, wenn Sie folgenden Aussagen überwiegend zustimmen:
☐ Es fällt mir leicht, Entscheidungen zu treffen. ☐ Ich übernehme gern eine tonangebende Rolle. ☐ Wichtig ist, was hinten rauskommt. ☐ Ich strebe nach Erfolg. ☐ Manchmal muss ich Klartext reden.	☐ Ich mag viele Menschen um mich. ☐ Ich kann andere mitreißen. ☐ Gute Stimmung ist mir wichtig. ☐ Es ist toll, gemeinsam etwas zu bewegen! ☐ Man muss auch mal fünfe gerade sein lassen.

[*] Wenn Sie mehr über D, I, S und G erfahren möchten, dann können Sie gerne ein ausführliches Persönlichkeitsprofil machen. Unser Buchtipp dazu: *Das persolog® Persönlichkeits-Profil* von Friedbert Gay und Debora Karsch, Offenbach: Gabal Verlag.

Stetigkeit	Gewissenhaftigkeit
» Wir sollten das lieber ganz in Ruhe angehen ...«	*» Was ich mache, mache ich richtig!«*
Menschen mit stetiger Verhaltenstendenz sind ruhig, verlässlich und kooperativ. Sie schätzen vorhersehbare Abläufe und eine entspannte Atmosphäre. Ihre Aufgaben erledigen sie zuverlässig und konzentriert.	Menschen mit der Verhaltenstendenz Gewissenhaftigkeit sind ordentlich, diszipliniert und planvoll. Sie befolgen Anweisungen und Normen und erledigen ihre Aufgaben mit beispielhafter Sorgfalt. Ein strukturiertes Vorgehen ist ihnen wichtig.
Die Kehrseite der Medaille: Stetigkeit ist oft gepaart mit einer Scheu vor unkalkulierbaren Veränderungen und mangelnder Initiative. Mit Konflikten tut man sich schwer.	Die Kehrseite der Medaille: Gewissenhafte Menschen neigen dazu, sich in Details zu verstricken, tun sich schwer, loszulassen und zu delegieren, und sind manchmal übervorsichtig.
Diese Verhaltenstendenz ist bei Ihnen ausgeprägt, wenn Sie folgenden Aussagen überwiegend zustimmen:	Diese Verhaltenstendenz ist bei Ihnen ausgeprägt, wenn Sie folgenden Aussagen überwiegend zustimmen:
□ *Ich bin umgänglich und hilfsbereit.* □ *Ich achte auf die Bedürfnisse anderer.* □ *Mit Geduld und Freundlichkeit kann man viel erreichen.* □ *Mich in andere einzufühlen fällt mir leicht.* □ *Bevor man loslegt, sollte man die Dinge in Ruhe abwägen.*	□ *Ich bin pflichtbewusst.* □ *Ich halte mich an Standards.* □ *Ich strebe nach Perfektion.* □ *Fehler ärgern mich.* □ *Ich stelle hohe Ansprüche an mich selbst.*

Der dominante Verhaltensstil: Menschen mit dominantem Verhaltensstil sind *Macher.* Sie wollen ihre Umgebung aktiv verändern. Dass dabei oftmals Widerstände auftreten, die überwunden werden wollen, stört sie nicht. Im Gegenteil. Sie begreifen das als Herausforderung. Wettbewerb ist für sie ein willkommenes Kräftemessen. Menschen mit einem dominanten Verhaltensstil haben eine sehr konkrete Vorstellung davon, wie ihre Umwelt aussehen soll, und sie investieren viel Kraft, um diese Vorstellung zur Realität werden zu lassen. Sie stehen gern im Mittelpunkt und neigen dazu, ihre Mitmenschen zu kontrollieren. Gern drücken sie ihnen auch ihre eigene Meinung auf. Sie verlangen nicht nur sich selbst, sondern auch anderen Menschen viel ab.

Diese hervorstechenden Charaktereigenschaften zeichnen den dominanten Verhaltensstil aus:

- hohes Selbstvertrauen,
- Mut,
- Offenheit,
- Durchsetzungsfähigkeit,
- Wettbewerbsfixierung,
- Ergebnisorientierung.

Der initiative Verhaltensstil: Während Menschen mit einem dominanten Verhaltensstil gern mit dem Kopf durch die Wand wollen, sind solche mit initiativem Verhaltensstil eher darauf bedacht, ihre Ziele gemeinschaftlich zu erreichen. Sie wollen anderen ihre Sichtweise nicht aufdrängen. Sie wollen sie mit guten Argumenten *überzeugen.* Menschen mit einem initiativen Verhaltensstil sind auf der Suche nach Allianzen. Entsprechend sind sie auch nicht gern allein, sondern umgeben sich als soziale Wesen lieber mit anderen Menschen. Sie haben zwar viel Energie und einen hohen Tatendrang, verzetteln sich aber oftmals in zu vielen Aktivitäten, da sie kein festes Ziel vor Augen haben.

Diese hervorstechenden Charaktereigenschaften zeichnen den initiativen Verhaltensstil aus:

- Gruppen- und Beziehungsorientierung,
- Spontanität,
- Begeisterungsfähigkeit,
- Kommunikationsfreude,
- hohe Emotionalität,
- optimistische Lebenseinstellung.

Der stetige Verhaltensstil: Menschen mit einem stetigen Verhaltensstil sind sehr *sicherheitsbedürftig.* Sie gehen ungern Risiken ein, bewegen sich lieber in gewohnter Umgebung und halten an bekannten Routinen fest. Sie haben in der Regel seltener den Gesamtprozess im Blick, sondern fühlen sich wohler, wenn sie einen Schritt nach dem anderen machen. Menschen mit einem stetigen Verhaltensstil sind nicht sonderlich mitteilungsbedürftig; sie haben keinen Drang, ihre Arbeit oder ihre Person in den Mittelpunkt zu stellen, sondern erfüllen ihre Aufgaben meist lieber aus dem Hintergrund. Umso wichtiger ist es für sie, dass ihre Arbeit von Vorgesetzten oder Kollegen wahrgenommen und geschätzt wird. Im Gegensatz zu Menschen mit dominantem oder initiativem Verhaltensstil haben sie weniger Tatendrang bei der Erfüllung ihrer Aufgaben.

Diese hervorstechenden Charaktereigenschaften zeichnen den stetigen Verhaltensstil aus:

- Loyalität,
- Zuverlässigkeit,
- Pragmatismus,
- Bescheidenheit,
- Teamfähigkeit,
- Geduld.

Der gewissenhafte Verhaltensstil: Schnelle Lösungen für große Aufgaben sind ein Albtraum für diesen Typus. Menschen mit einem gewissenhaften Verhaltensstil sind *Perfektionisten,* die sich gern im kleinsten Detail um ihre Aufgaben kümmern. Sie durchdenken die Dinge von allen Seiten, versuchen, jeden Fehler schon im Vorfeld zu vermeiden, und setzen auf Qualität und Präzision bei ihrer Arbeit. Ihre Gewissenhaftigkeit bremst diesen Typus Mensch allerdings auch oftmals aus und sorgt dafür, dass er zwar fehlerfrei, aber wenig effizient arbeitet, weil er sich zu sehr in den geliebten Details verliert. Menschen mit einem gewissenhaften Verhaltensstil sind meist sehr introvertierte Personen.

Diese hervorstechenden Charaktereigenschaften zeichnen den gewissenhaften Verhaltensstil aus:

- Perfektionismus,
- Detailorientierung,
- Selbstdisziplin,
- Vorsicht/Zögerlichkeit,
- analytisches Vorgehen,
- introvertierte Persönlichkeit.

Mit dem Wissen um die Persönlichkeitstypen sollte es Ihnen nun sehr viel leichter fallen, Menschen zu finden, mit denen eine Zusammenarbeit harmonischer funktioniert. Probieren Sie es doch einmal aus. Sie werden sehen, es wird Sie regelrecht beflügeln.

Schritt 2: Vertrauen Sie

Am nächsten Nachmittag sitzt Caroline auf der Couch in ihrem Wohnzimmer und starrt an die Decke. Soll sie? Oder soll sie nicht? Das Angebot, das sie vor etwa einer Stunde in ihrem Postfach entdeckte, ist fantastisch! Ein eigenes Buchprojekt. Darauf hat sie schon lange gewartet. Sie dürfte ein Band über die *Mode im 21. Jahrhundert* illustrieren. Sie kennt sogar die Autorin. Eine Koryphäe auf dem Gebiet. Caroline ist sich sicher, dieses Buch könnte ein absolutes Standardwerk werden. Und das auch noch mit ihrem Namen drauf!
Die Sache hat nur ein Haken. Und der heißt Ronald Magerian. Der Verlag besteht darauf, dass Magerian als

zweiter Illustrator an dem Buch mitarbeitet. Und Magerian ist der Grund, dass Caroline das Projekt nicht schon längst angenommen hat. Sie kennt den Mann nur flüchtig. Sie wurden einander einmal kurz auf einer Party vorgestellt. Seine Arbeit kennt sie dafür umso besser. Überhaupt keine Frage: Er ist ein Vollprofi. Er weiß genau, was er macht. Aber er hat einen ganz eigenen Stil. Und dieser Stil war schon anders als ihr eigener. Würde das gut gehen? Caroline ist sich extrem unsicher. Wenn doch nur ihr Mann Christian hier wäre, damit sie sich mit ihm besprechen könnte. Aber der hat schon am Morgen seinen Flieger nach New York genommen.

~~~~~~~~~~~~~~~~~~~~~~~~~~~~~~~

Einer der Grundgedanken der New Work basiert auf einem ganz einfachen Prinzip: dem *Prinzip des Vertrauens*. Denn nur wenn man seinen Mitarbeitern vertraut, gibt man ihnen die Chance, über sich selbst hinauszuwachsen. Nun fällt Ihnen das aber gar nicht so leicht. Logisch. Wenn jemand wie Sie so sehr darauf ausgerichtet ist, sich selbst zu organisieren, dann setzt er sein Vertrauen logischerweise am meisten in seine eigenen Fähigkeiten. Dennoch lohnt es sich, auch einmal anderen Menschen in der Zusammenarbeit eine Chance zu geben. Denn nur durch Kooperationen werden Sie in der Lage sein, mehr als Ihr eigenes Maximum zu erreichen. Und das wollen Sie doch, oder? Über sich hinauswachsen.

Es gibt aber noch einen anderen Grund, warum Sie lernen sollten zu vertrauen. Und das ist die Psychologie: Wenn Sie zwangsläufig mit jemandem zusammenarbeiten müssen, dann wirkt zu offensiver Zweifel kontraproduktiv. Denn Ihr Gegenüber spürt Misstrauen. Der andere spürt es, weil Sie es ausstrahlen. Und das wird dazu führen, dass er Ihnen ebenfalls

New Work basiert auch auf dem Prinzip des Vertrauens und auf Kooperation.

misstraut. Auch wenn das alles nur unterbewusst geschieht: Die Arbeitsatmosphäre ist vergiftet.

Oder sehen wir es von der anderen Seite: Sicher haben Sie schon einmal von dem *Pygmalion-Effekt* gehört. In den 1960er-Jahren gab es ein Experiment an einer US-amerikanischen Grundschule, in dem zwei Psychologen die Lehrer-Schüler-Interaktionen untersuchten.[5] Sie fanden heraus: Wenn ein Lehrer eine positive Einschätzung von einem Schüler hatte, wurde diese Erwartung meistens auch erfüllt. Wie kann das sein? Durch sein positives Grundbild fördert der Lehrer seine Schüler unbewusst. Es sind kleine Signale. Er lächelt ihnen zu, er ermutigt sie, er widmet ihnen mehr Zeit. Allein das sorgt schon dafür, dass sie ihre Leistungsbereitschaft erhöhen – und bessere Ergebnisse erzielen. Warum? Der *Vertrauensvorschuss motiviert* und verpflichtet zugleich, setzt versteckte Kraftreserven frei, weil man dem anderen beweisen möchte, dass seine Einschätzung richtig war.

Schritt 3: Annehmen und aufwerten

Und dann sieht sie die ersten Entwürfe. Sie sind gut. Sie sind verdammt gut. Caroline beißt sich auf die Lippe. Sie sind sogar viel besser als ihre eigenen.

»Und?«, fragt Magerian sie. »Was denkst du?«

Caroline ist hin- und hergerissen. War es vielleicht doch die falsche Entscheidung, das Projekt anzunehmen? Jetzt würde sie es gemeinsam mit einem Mann illustrieren, der das gerade sehr viel besser machte als sie selbst. Jetzt würde sie in seinem Schatten stehen. Sie ärgert sich über sich selbst.

»Sieht ganz okay aus«, sagt sie zu den Entwürfen und zuckt mit den Schultern.

Teamarbeit, Teamarbeit, Teamarbeit. Das ist der ganz große, rot umkringelte Punkt auf Ihrer To-do-Liste der Intervall-Lektionen. Nachdem Sie schon erfahren haben, wie ein optimales Team aussieht und warum innerhalb eines Teams Vertrauen so wichtig ist, schauen wir jetzt einmal auf die direkte Kommunikation in dieser Gruppe. Im Team geht es um Zusammenarbeit. Um Kooperation. Gemeinsam erreicht man mehr. Besonders bei komplexen Aufgaben. Nehmen Sie nur einmal einen Hollywood-Film. Eine Blockbuster-Produktion ist ein hervorragendes Beispiel für eine gelungene Arbeitsteilung. Die Zeiten, als es noch einen Autor gab, der gleichzeitig das Konzept und das Drehbuch für einen Film geschrieben hat, Regie führte und am Ende den Schnitt machte, sind lange vorbei. Eine Hollywood-Produktion ist eine hoch spezialisierte Angelegenheit. Für jeden kleinen Einzelschritt gibt es hoch bezahlte Experten.

Die wichtigste Lektion ist: *In einem Team gibt es keine Konkurrenz.* Niemals. Lassen Sie Ihr Ego vor der Tür. Es geht nicht um Sie, es geht um das Ergebnis. Und wenn das Ergebnis gut ist, profitieren auch Sie. Weil Sie Teil des Teams waren. Es ist ganz einfach. Versuchen Sie also nicht, Ihre Teammitglieder auszustechen. Erkennen Sie Ihre eigenen Stärken, und bringen Sie diese im Team ein. Und erkennen Sie die Stärken Ihrer Teammitglieder, und fördern Sie diese.

Orientieren Sie sich hier an den drei Regeln des Improvisationstheaters. Die erste Regel lautet: *Nimm, was ist.* Sie müssen logischerweise mit dem arbeiten, was Sie haben. Schauen Sie also, wer mit welchen Stärken und Schwächen Ihr Team ergänzt und wie man die jeweiligen Personen am besten einsetzen kann. Die zweite und wichtigste Regel lautet: *Let your Partner Shine.* Wenn Sie es schaffen, dass Ihr Gegenüber glänzen kann, dann werden auch Sie glänzen. Holen Sie also das Beste aus ihm heraus, indem Sie ihn ermutigen. Die dritte Regel ist, *sich auf seine Intuition zu verlassen.*

Gerade im zwischenmenschlichen Bereich ist das besonders wichtig. Bei all der Kopfarbeit, die richtig und wichtig ist,
sollte man nicht vergessen, auch einmal
auf das eigene Herz zu hören. Teamarbeit
ist Arbeit mit Menschen; und wer mit
Menschen arbeitet, sollte auch seine
Menschlichkeit offen ins Team mit einbringen. Wenn Sie wütend sind, sagen
Sie es. Wenn Sie etwas gut finden, zeigen Sie es. Nur so kann
das Team wirklich zusammenwachsen.

Nehmen Sie, was ist, lassen Sie Ihren Partner glänzen und vertrauen Sie auf Ihre Intuition.

Ein Tipp für Ihr Lebensintervall

Eine gute Selbstorganisation ist für Sie essenziell. Entsprechend haben Sie oftmals wenig Verständnis für Menschen,
die ihre Intervalle nicht so gut im Griff haben wie Sie. Seien
Sie ein wenig *empathischer*. Akzeptieren Sie, dass andere Menschen anders ticken. Jeder hat seinen Rhythmus, und vielleicht
wäre es gar nicht mal so schlecht, wenn auch Sie einmal ein
klein wenig Chaos zuließen. Glauben Sie uns, Ihr Leben wird
sehr viel lebenswerter, wenn Sie Spontanität zulassen.

Werden Sie also flexibler. Werfen Sie auch mal eine Planung
über Bord. Halten Sie sich nicht sklavisch an Ihren Kalender,
sondern nutzen Sie Freiräume und Möglichkeiten, die sich
ergeben, um Zeit mit Ihren Freunden zu verbringen. Wenn
Sie mal wieder angerufen werden, ob Sie nicht spontan Lust
hätten, gleich gemeinsam einen Kaffee zu trinken, dann sagen
Sie doch einfach mal Ja. Besonders dann, wenn es Ihnen
eigentlich überhaupt nicht in die Planung passt.

Diese Arbeitszeiten passen zu Ihnen

Modell Zwei-Tage-Woche: Sie integrieren in Ihren Arbeitstag ausreichend *Detox-Zeit,* weil Sie wissen, dass Sie gerade
bei einer guten Taktung auch gute Leistung bringen und gute
Ideen haben können. So schaffen Sie es, motivierend wirken-
de Arbeitsaufgaben nach und nach anteilig zu erhöhen.

Modell Vier-Stunden-Woche: Ideal ist es, wenn Sie unliebsame Aufgaben abgeben können, zum Beispiel kooperieren,
Partner gewinnen und selbst auch dafür sorgen, dass kein
Stress aufkommt. Machen Sie sich weiterhin Gedanken darüber, welche Tätigkeiten Ihnen Freude bereiten und Energie
liefern.

Wie Sie Ihre idealen Arbeitszeiten umsetzen können, zeigen
wir Ihnen abschließend im Kapitel »S wie synchronisieren«.

18. S WIE SINN GEBEN

Nachdem Sie es geschafft haben, Ihren Arbeitsalltag mit den Tools aus dem Baukasten der New-Work-Ideen zu optimieren, wird es nun Zeit für eine kurze Verschnaufpause. Es wird Zeit, Ihren neuen Arbeitsalltag zu betrachten und zu schauen, ob er Sie wirklich erfüllt, ob Sie eigentlich das tun, was Sie »wirklich, wirklich« tun wollen, wie Frithjof Bergmann es formulierte. Die Frage ist, ob es im Rahmen Ihrer Anstellung und Ihres Unternehmens möglich ist, sich so zu verwirklichen, wie Sie es sich wünschen, oder ob Sie den Rahmen sprengen sollten. Das ist die Frage nach dem *Setting*. Was geschieht in Ihrem Inneren, was geschieht im Außen? Passt es zusammen? Harmoniert es? Ist es stimmig? Aber langsam! Erst einmal sollten Sie herausfinden, was eigentlich Ihre Vision im Leben ist.

Ein Professor mit Zeitproblem

In den 1990er-Jahren war Lothar, einer der beiden Autoren dieses Buches, Hochschullehrer in Wiesbaden. Er lehrte an der Fachhochschule Personalwesen und Unternehmensführung und erzählte mir, dass er sich viele Gedanken darüber machte, was für Projekte, Forschungstätigkeiten und Bücher er neben seiner Lehrtätigkeit noch umsetzen könnte. Um es in seinen Worten zu sagen: Er dachte darüber nach, wie man zu mehr persönlicher Zeitsouveränität gelangen könnte. Denn die Lehre inklusive der Korrektur von circa tausend Klausuren zum Semesterende war besonders eins: ein extremer »Zeitfresser«. Eines Tages erfuhr Lothar, dass der Berliner Senat ein spannendes Pilotprojekt aus der Taufe hob. Es nannte sich das Berliner Professorenmodell. Dieses Modell sah vor, dass zwei Professoren, die eine ähnliche Tätigkeit ausübten, für drei Jahre auf ein Drittel ihres Gehaltes verzichteten. Somit wurde das Geld für eine weitere Zwei-Drittel-Professur frei. Diese drei Professoren würden nun alle jeweils zwei Jahre arbeiten und dafür ein Jahr lang freibekommen.

Das passt ja wie die Faust aufs Auge, dachte sich Lothar und machte sich auf die Suche nach einem passenden Kollegen, einem Counterpart, mit dem er den entsprechenden Antrag einreichen könnte. Was er in einem Jahr Freizeit nicht alles für tolle Dinge tun konnte, malte er sich aus. Er könnte forschen, Bücher schreiben, eigene Projekte vorantreiben, endlich wieder mehr Zeit mit der Familie verbringen. Vielleicht wäre sogar eine Weltreise drin? Er war ganz begeistert und ging dann alle Namen der Fakultätskollegen im Kopf durch, um jemanden zu finden, der für das Modell infrage käme.

Und da war tatsächlich jemand. Nennen wir ihn »Professor Schmidt«. Professor Schmidt war ein sehr disziplinierter Mann. Immer korrekt angezogen, immer pünktlich und gewissenhaft in dem, was er tat. Einige der Kollegen lästerten, dass der Professor Schmidt ein wenig überkorrekt sei, aber die Kollegen an der Wiesbadener Hochschule lästerten viel. Darauf konnte man nichts geben. Lothar wollte Professor Schmidt also unbedingt für seine Idee gewinnen. Doch er wusste, dass er den Kollegen nicht einfach so mit seiner Idee behelligen konnte. Er musste diese Idee präzise ausarbeiten. Sie ihm exakt skizzieren und durchrechnen.

Zufällig wusste er, dass die Frau von Professor Schmidt eine hochrangige Beamtenfunktion im Schuldienst innehatte und die beiden kinderlos waren. Also machte er eine komplexe Rechnung, an der am Ende unterm Strich eine verblüffende Zahl stand: Professor Schmidt würde aufgrund seiner steuerlichen Situation nach drei Jahren gemeinsam mit seiner Frau exakt dasselbe verdienen, was er heute verdiente – er würde einfach nur ein geschenktes Jahr Freizeit haben. Genial! Besser geht es gar nicht, dachte Lothar und stellte Professor Schmidt sein Konzept und seine Rechnung vor. Es war ein Tag vor den Weihnachtsferien. Er wusste, dass der Professor Schmidt kein sehr spontaner Mensch war. Er würde über diese Option nachdenken müssen.

»Bitte geben Sie mir ein wenig Bedenkzeit«, bat er dann auch tatsächlich. Auch wenn er, wie er sagte, das Konzept »doch ganz einleuchtend« fände.

Die Weihnachtsferien vergingen, und zu Beginn des neuen Jahres lief man sich auf dem Campus wieder über den Weg. »Und?«, fragte Lothar den Professor Schmidt. »Haben Sie sich überlegt, ob Sie mitmachen?«

»Ich habe alles nachgerechnet. Es stimmt. Ich würde tatsächlich keinerlei Gehaltseinbußen haben. Das ist faszinierend.«

»Wunderbar! Dann reichen wir gemeinsam den Antrag ein?«

»Es tut mir sehr leid, geschätzter Herr Kollege, doch ich muss ablehnen.«

»Aber wieso denn das? Sie haben doch von dieser Regelung nur Vorteile.«

»Wie man es nimmt. Ich habe, wie erwähnt, lange darüber nachgedacht. Und ich wüsste nicht, was ich mit dem freien Jahr überhaupt anstellen soll. Die Hochschule würde mir doch zu sehr fehlen …«

Lothar erzählte mir, dass er diese Begründung zunächst für einen Scherz hielt. Aber der Professor pflegte keine Scherze zu machen. Es war sein voller Ernst. Er wusste nicht, was er mit einem Jahr Freizeit anfangen sollte. Lothar hätte laut »Sch…!« schreien können, fluchte aber nur still und leise in sich hinein und ließ sich schließlich für ein halbes Jahr Forschungssemester beurlauben, um dennoch seine eigenen Projekte voranzubringen, allerdings ohne irgendwelche gesonderten Bezüge zu bekommen. Über den Professor Schmidt zerbricht er sich noch heute den Kopf.

Das Beispiel zeigt eindrucksvoll, wie viele Menschen bis heute schlicht überfordert sind, wenn es um die Frage nach dem Sinn des Ganzen geht: Es zeigt, dass viele wirklich nicht wissen, was sie mit ihrer Zeit Sinnvolles anfangen sollen. Für Leute wie Professor Schmidt ist Arbeit offensichtlich nur etwas, womit man seine Zeit überbrückt. Doch wenn die Arbeit wegfällt, was bleibt dann noch? Ein großes Nichts. Das darf so nicht sein. Die Arbeit muss vielmehr ein Werkzeug sein, um die eigentliche Vision zu erfüllen, die wir in unserem Leben verfolgen. *Die Arbeit muss uns erfüllen.* Schauen wir uns nun also an, wie wir es schaffen können, einen Sinn im Leben zu finden.

> Unsere Arbeit muss uns erfüllen.

WHY versus WHAT

Apple hat es erneut geschafft. Bei der Produktvorstellung des neuen iPhones entstand ein solcher Hype, dass sich zum Release der neuen Smartphone-Generation mal wieder lange Schlangen vor den *Apple Stores* bildeten. Jeder wollte zu den Ersten gehören, die das Gerät in ihrem Besitz haben. Ja, *Apple* hatte es mal wieder geschafft. Wie schon zuvor mit den *Vorgänger-iPhones,* mit denen sie den Smartphone-Markt revolutioniert haben. Wie schon zuvor mit dem iPod, mit dem sie den MP3-Player revolutioniert haben. Wie schon zuvor mit dem *Apple Store,* der es durch seine benutzerfreundliche One-Click-Philosophie fertigbrachte, die illegalen Sharefiling-Plattformen auszutrocknen. Wie schon zuvor mit dem *iPad,* das das Tablet in die Wohnzimmer und Handtaschen der Welt brachte. Man muss kein *Apple*-Jünger sein, um zu erkennen, dass diese Firma irgendetwas richtig macht. Dass sie es über Jahrzehnte schaffte, die Menschen mit immer neuen Innovationen zu begeistern. Doch wie geht das? Was hat *Apple,* was andere Unternehmen nicht haben? Im Prinzip stellen sie Hardware her. Computerprodukte. Das tun andere auch. *Apple* hat auch keine exklusiven Kanäle, die es zur Vermarktung seiner Produkte nutzen kann. Die Firma überträgt die Keynotes, in denen neue Produkte vorgestellt werden, über das Internet. Wie andere Unternehmen das auch tun könnten. Was macht *Apple* also so grundlegend anders?

Der Unternehmensberater und Bestsellerautor Simon Sinek glaubt, ein Muster gefunden zu haben, das nicht nur *Apple,* sondern auch andere herausragende und revolutionäre Denker anwenden.[6] Jedes Unternehmen, sagt Sinek, hat sein WHAT. Es weiß, *was* es tut. Schrauben, Konservendosen oder Computerprogramme herstellen. Einige erfolgreichere Unternehmen haben auch ihr HOW definiert. Diese Unternehmen wissen, *wie* sie es schaffen, erfolgreich zu sein. Sie stellen nicht einfach nur Computerprogramme her, sie erkennen auch ihren USP *(Unique Selling Point),* sie analysieren, was sie anders machen als andere und was sie von den anderen abhebt. Um auf unser Beispiel von *SAP* zurückzukommen: *SAP* erkannte schnell, dass große Unternehmen Echtzeit-Software brauchen, Programme also, die sich auf allen Computern in einem Betrieb gleichzeitig aktualisieren, die synchron laufen, damit man etwa die Lagerbestände immer genau im Blick behalten kann. Die allerwenigsten Unternehmen, aber, so Sinek kennen ihr WHY. Ihr *Warum*. Wieso machen sie das, was sie machen?

Die Frage lässt sich nicht damit beantworten, dass man gern Geld verdienen möchte. Das ist bloß ein Ergebnis. Ein Ergebnis erreicht jede Firma. Die Frage nach dem Warum ist tiefer. Was ist ihr Geschäftszweck? Was ist ihr Anliegen? Was sind ihre Glaubensgrundsätze? Warum existiert dieses Unternehmen? Warum stehen Sie jeden Morgen auf? Die Japaner haben dafür das Wort »Ikigai«, was sich aus den Begriffen *iki* (Leben) und *gai* (Wert) zusammensetzt und in Kombination die Frage eröffnet, was denn eigentlich lebenswert ist. *Was wollen Sie erreichen?* Man kann sich einen Kreis vorstellen, in dem außen das WHAT, in der Mitte das HOW und ganz innen das WHY stehen. Sinek ist der Entdecker des *goldenen Kreises*.

> Geld ist bloß ein Ergebnis.

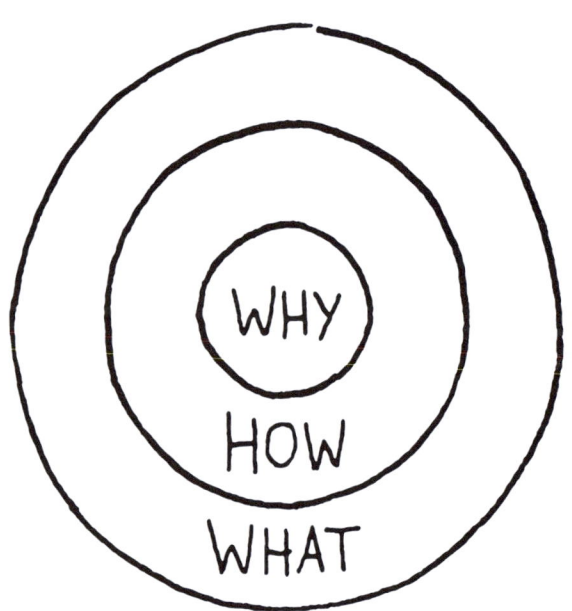

Der »goldene Kreis« nach Simon Sinek[7]

Weiter sagt er nun, dass die meisten Unternehmen von außen her kommunizieren, entsprechend zunächst ihr WHAT und dann ihr HOW präsentieren. Würde *Apple* das auch tun, würden sie ihren Kunden sagen: »Hey, wir sind eine große Firma, die Computer und Handys herstellt. Das Besondere an diesen Computern und Handys: Sie sind wirklich schön designt und einfach gehalten.« Das wäre ganz nett, würde *Apple* aber nicht zu dem machen, was es heute geworden ist. *Apple* ist das, was es geworden ist, weil es zunächst von seinem WHY her denkt. Von der Frage ausgeht, *warum* man eigentlich macht, was man macht. *Apple* beantwortet sein WHY ganz konkret: »Wir *glauben* daran, dass wir den Status quo verändern können. Wir *glauben* daran, dass wir die Dinge anders machen als alle anderen. Und wir *glauben* daran, dass wir die Dinge besser machen. Weil wir anders denken.«[8] Und es funktioniert. Ein Produkt ist nicht nur interessant dafür, *was* es ist, sondern auch dafür, dass es ist, *was* es ist. »Think different« ist nicht umsonst der Claim von *Apple.*

Wie schon bei unseren Intervallen ist auch das *WHY-Prinzip* in der Biologie begründet. Das menschliche Gehirn funktioniert nämlich nach demselben Prinzip. Schaut man sich einen Querschnitt des menschlichen Gehirns an, findet man außen den *Neocortex.* Der Neocortex ist für die rationalen und analytischen Gedanken sowie für die menschliche Sprache zuständig.

Der innere Teil unseres Gehirns bildet den sogenannten limbischen Bereich. Der Urkern des limbischen Systems wird auch das »Reptiliengehirn« (Amygdala) genannt. Hier ist der Sitz unserer Urinstinkte und Reflexe. Hier entscheidet sich die Frage, ob uns eine Sache guttut oder schadet. Der *limbische Bereich* ist verantwortlich für unsere Gefühle. Wie Vertrauen und Loyalität. Der limbische Bereich ist auch für unsere Entscheidungsfin-

Entscheidungen werden im limbischen Bereich des Gehirns getroffen.

dung zuständig. Wenn man nun also den äußeren Bereich anspricht, ihn rational mit Informationen füttert, dann hat man ihn vielleicht verstandesmäßig erreicht, aber noch keine Entscheidung hervorgerufen. Spricht man aber umgekehrt zunächst den limbischen Bereich, den inneren Bereich des Gehirns an, die emotionale Komponente, dann triggern wir viel schneller einen Entscheidungsimpuls.

Auf diese Weise kommen sogenannte Bauchentscheidungen zustande. Vielleicht kennen Sie das ja aus unterschiedlichen Situationen selbst? Man kann noch so sehr von den Fakten überzeugt sein, dennoch hält einen irgendetwas davon ab, bei einem bestimmten Produkt zuzuschlagen. Warum? *Weil es sich nicht richtig anfühlt.* Dieses berühmte »Weil es sich nicht richtig anfühlt« kommt aber gar nicht aus Ihrem Bauch. Es kommt aus Ihrem Kopf. Es kommt aus dem limbischen Bereich Ihres Gehirns.

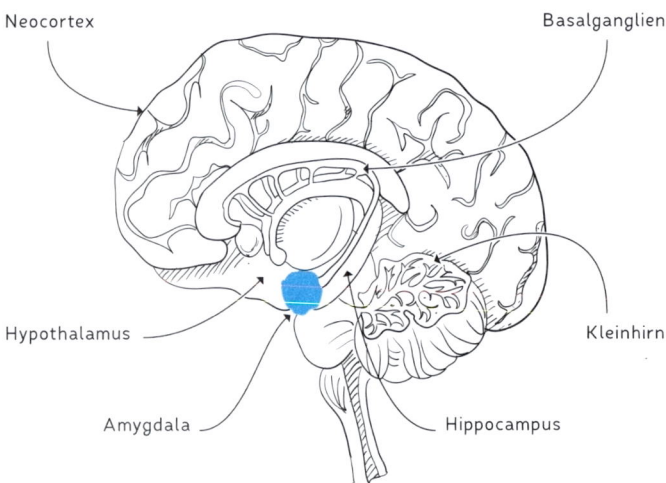

Das menschliche Gehirn

Sie merken vielleicht schon jetzt: Wer das WHY an den Anfang seines Denkens und Handelns stellt, der ist in der Lage, nicht nur für sich selbst konsequente Pläne zu entwickeln, sondern auch andere Menschen mitzureißen. Das liegt daran, dass Sie eine Vision entwickeln. Dass Sie eine Vorstellung von der Welt haben, die andere überzeugt.

Das WHY steht am Anfang jeder Vision.

Apple verkauft den Menschen nicht bloß ein Smartphone. *Apple* verkauft den Menschen eine Lebenseinstellung. Und Menschen sind bereit, sehr viel Geld dafür auszugeben, weil sie diese Lebenseinstellung teilen und zu denjenigen gehören wollen, die den Status quo ändern. Eine Firma wie *Apple* stellt auch nicht einfach nur Menschen ein, die Geld verdienen wollen. Eine Firma wie *Apple* stellt Menschen ein, die dieselbe Anschauung der Welt haben und bereit sind, ihre Lebenszeit, ihre Energie, ihr Herz einzubringen. Und warum? Weil sie das Gefühl haben, *Teil von etwas zu sein, das größer ist als sie selbst.* Und sie leisten dazu einen individuellen Beitrag. Dafür steht das »i« im iPhone. Individualität ist der Maßstab.

Es gibt ein schönes Zitat von Antoine de Saint-Exupéry, das sehr genau ausdrückt, welche Kraft eine Vision auf Menschen haben kann. »Wenn du ein Schiff bauen willst«, sagte er einmal, »dann trommle nicht Männer zusammen, um Holz zu beschaffen, Aufgaben zu vergeben und die Arbeit einzuteilen, sondern lehre die Männer die Sehnsucht nach dem weiten, endlosen Meer.«[9]

Das WHY konsequent an den Anfang seines Handels zu stellen ist nicht bloß ein potenzielles Erfolgsgeheimnis für Unternehmen, die etwas verkaufen wollen. Es ist auch eine zentrale Strategie für Sie, um Ihre Vision im Leben zu verwirklichen!

Ziele versus Visionen

Die Organisation Ihres Arbeitslebens, die wir im vorherigen Kapitel vorgenommen haben, diente in erster Linie dazu, Ihre Ziele zu verwirklichen. Aber es gibt einen Unterschied zwischen *Zielen* und *Visionen*. Die Ziele, die Sie verfolgen, dienen dazu, das ganze Leben, das Sie leben, in seinem Bestehenden zu perfektionieren. Es geht darum, dass Sie die beste Version von sich selbst erschaffen. Eine Version von sich, die glücklich und zufrieden ist, im Einklang mit sich selbst lebt. Im Rahmen des Bestehenden das Beste herausholen.

Aber damit sind Sie noch nicht am Ende Ihrer Möglichkeiten angekommen. Wenn Sie es geschafft haben, für sich zu definieren, warum Sie die Dinge tun, die Sie tun, dann haben Sie die innere Freiheit gewonnen, größer zu denken. Eine Vision zu entwickeln. Ein Weltbild zu gestalten, das andere Leute mitreißt und etwas verändert. Sie müssen dazu sicherlich kein neues Smartphone erfinden. Aber eine Vision von einem perfekten Ist-Zustand zu haben und sein Leben nach dieser Vision auszurichten kann unglaublich inspirierend und erfüllend sein.

Wie entwickle ich eine Vision?

Eine Vision ist die Vorstellung von einer idealen Welt. Eine Vision entsteht entsprechend immer aus der Unzufriedenheit mit dem, was ist, heraus. Denn wenn man rundum zufrieden mit den Dingen wäre, die einen umgeben, dann müsste man sich ja nicht wünschen, dass sie besser wären.

Denken Sie an die Entstehung von *Google* (siehe auch weiter unten den Abschnitt »Best Practice: *Google* – Innovation über alles«). Da gab es einmal zwei Studenten, die unzufrieden mit der Homepage ihrer Universität waren. Sie brauchten wahnsinnig lange, um die von ihnen gesuchten Dokumente in der chaotischen Aufbereitung zu finden. Also entwarfen sie eine Suchmaschine.

Wir haben in diesem Buch viele New-Work-Techniken kennengelernt. Doch erinnern Sie sich, wie Frithjof Bergmann überhaupt dazu kam, diese zu erfinden? Er war unglücklich mit der bestehenden Form von Arbeit. Oder: Irgendwann hatten Menschen genug davon, die Filme immer nur sehen zu können, wenn

Jede große Vision ist auf Grundlage eines Unwohlseins entstanden.

sie im Fernsehen gezeigt wurden. Sie erfanden den Videorecorder. Und als irgendwann jemand unzufrieden damit wurde, ständig in die Videothek laufen zu müssen, um sich die dicken Videokassetten (später dann die schlankeren DVDs) auszuleihen, wurde *Netflix* erfunden. Die Streaming-Plattform, die den Gang in die Videothek überflüssig macht.

Die Blue-Ocean-Strategie

Winzer haben es nicht leicht. Wer heute einen Wein herstellen und auf den Markt bringen will, der sieht sich einer gewaltigen Konkurrenz ausgesetzt. So auch die australische Weinmarke *Yellow Tail* von der Firma *Casella Wines*. Sie ging zur Jahrtausendwende mit an den Markt und bekam sofort zu spüren, worauf sie sich da eigentlich eingelassen hatte. Die Konkurrenzsituation erdrückte sie sofort. Im Jahr 2000 war der amerikanische Weinmarkt mit einem Umsatz von 20 Milliarden Dollar der drittgrößte auf der ganzen Welt. Acht Hersteller produzierten 75 Prozent des Gesamtangebots. Und die übrigen 25 Prozent stellten 1600 kleinere Unternehmen her. Es gab also ein riesiges Angebot an den unterschiedlichsten Weinen sowohl im Premium- als auch im Billigweinsegment. Und da es eine große Anzahl an Anbietern gab, mussten sich die Winzer auf extreme Preiskämpfe und hohe Marketingausgaben einstellen, um an diesem Markt bestehen zu können. Kurz: Der Markt war mehr als gesättigt. Es gab, wie man als Wirtschaftswissenschaftler sagen würde, eine immense Wettbewerbsdichte. Die Winzer von *Yellow Tail* wollten unbedingt ihren Wein an den Mann bringen. Doch wie sollten sie bloß gegen diese Übermacht an Konkurrenten bestehen können? Sie lehnten sich zurück und dachten nach. Und dann kam ihnen eine ebenso einfache wie brillante Idee. Wieso in einen Konkurrenzkampf einsteigen, wenn man doch einfach das Spielfeld wechseln könnte?

Um im amerikanischen Weinmarkt Fuß zu fassen und sich gleichzeitig so wenig wie möglich dem Wettbewerb auszusetzen, legte *Yellow Tail* nun den Fokus darauf, aus dem als »elitär« wahrgenommenen Wein ein sozial vermarktbares Getränk zu machen. Ein nettes, sympathisches alkoholisches Getränk, das man zu jeder Feierlichkeit trinken kann: »*A fun and simple wine to be enjoyed every day*«, lautete der Slogan. Als Resultat wurden im Jahr 2000 lediglich zwei unterschiedliche Weine eingeführt: ein weißer Chardonnay und ein roter Shiraz. Ein gleiches Aussehen beider Flaschen mit jeweils nur einem anderen Label sorgte für niedrige logistische Kosten. Ferner wurde *Yellow Tail* nicht als Wein, sondern als Gesellschaftsgetränk und als Kultur und Tradition Australiens angeboten, um für Konsumenten ein »spaßiges« und »abenteuerliches« Ambiente zu schaffen und vom »gehobenen« Image der bisherigen Weinkonsumenten Abstand zu gewinnen.

Die Etiketten ziert übrigens das sympathische australische Wappentier, das Känguru, das ja auch sinnbildlich für die Sprungkraft steht, die *Yellow Tail* bewiesen hat. Noch heute hüpft es über die Website des Weinherstellers. Die Geschichte von *Yellow Tail* wurde zu einer Erfolgsgeschichte. Mittlerweile gehört die Marke zu den erfolgreichsten Weinen Amerikas.

Die Vorgehensweise von *Yellow Tail* hat einen Namen. Er lautet *Blue-Ocean-Strategy*. Geprägt wurde der Begriff von den beiden Wirtschaftswissenschaftlern W. Chan Kim und Renée Mauborgne,[10] die Tausende von Unternehmen analysiert haben und dabei zu einem verblüffenden Ergebnis kamen: Nach einer Studie über einhundertfünfzig verschiedene Geschäftsstrategien in über dreißig Branchen und in mehr als hundert Jahren wendeten alle Unternehmen, denen es gelungen ist, einen neuen Markt zu erschließen und zu prosperieren, ein und dasselbe Erfolgsmuster an. Diese Player haben das *rote Haifischbecken voller Konkurrenten,* die in einem übersättigten Markt die gleiche Dienstleistung oder ähnliche Produkte anbieten, verlassen. Sie haben mit ihrer Innovation das *blaue Meer* für sich entdeckt, in das sie hinausschwimmen und wo sie gedeihen konnten, weil die Märkte konkurrenzlos waren. Die Rede ist von klassischen »First Movern«, die einen blauen Ozean als einen *bislang unberührten, konkurrenzlosen Markt* gefunden haben.

Doch wie haben das nun die Besten der Besten geschafft? Woraus besteht die Blue-Ocean-Strategie konkret? Es sind vier Schritte erforderlich: Eliminierung, Reduzierung, Steigerung, Kreierung:

- Zunächst geht es darum, unnötige Faktoren wegzulassen, die als störend empfunden werden können. Sie zu *eliminieren.* Um bei unserem Weinbeispiel zu bleiben: Hier verzichtete man auf Fachtermini bei der Vermarktung. Man ließ die Frage, ob der Wein für Weinkenner interessant sein könnte, völlig außer Acht, weil man sich sofort auf eine andere Zielgruppe konzentrierte.
- Der zweite Schritt ist die *Reduzierung.* Man verzichtet auf unnötiges Beiwerk, schaut bloß auf das Wesentliche. Man muss sich die Frage stellen: Was kann radikal gekürzt

Blaues Meer statt rotes Haifischbecken

werden? Eine zu starke Differenzierung kann die Kunden überfordern. Insofern hat man sich bei *Yellow Tail* lediglich auf zwei Reben konzentriert: Chardonnay und Shiraz.

- Wenn man auf diese Weise also seine Kernkompetenzen gefunden hat, dann gilt es weiterhin, diese zu *steigern.* Die Bedeutung der wichtigsten Merkmale noch zu erhöhen. In unserem Beispiel ist das die Festlegung auf nur ein (Billig-) Weinsegment und der kontinuierliche Ausbau des Bereichs.
- Und schlussendlich muss man etwas Neues *kreieren:* neue Merkmale schaffen, etwas nie zuvor Dagewesenes formulieren. Zum Beispiel einen Wein, der ein Abenteuer und einen leichten Trinkgenuss für jedermann verspricht.

Die Gründer von *Yellow Tail* haben es geschafft, sich aus einem roten Haifischbecken in einen blauen Ozean freizuschwimmen. Das Erreichen des Ozeans ist auch ein Symbol dafür, eine Innovation geschaffen zu haben. Man hat ein Produkt gefunden, für das es noch keine Konkurrenten gibt. Nur Visionäre schaffen es, dorthin zu kommen. Und die vier vorgestellten Schritte sind eine Innovationstechnik, die auch Sie vielleicht nutzen können?

Übertragen auf Ihren Arbeitstag und dessen Organisation, funktioniert die Blue-Ocean-Strategie nämlich wie folgt:

- **Eliminieren** Sie die unnötigen Faktoren bei Ihrer Arbeit, alles, was Sie als störend empfinden. Das können überflüssige Kaffeepausen sein oder äußere Einflüsse, die Sie von Ihrer Arbeit ablenken oder von Ihnen einen ungerechtfertigten Zeit- und Kostenaufwand verlangen.
- **Reduzieren** Sie die Anteile Ihrer Arbeit, die Sie daran hindern, die wesentlichen Aufgaben und Abläufe zu erledigen. Das können administrative oder operative und repetitive Tätigkeiten sein, die sich mit technologischen Mitteln viel einfacher lösen lassen. Zum Beispiel können Sie den Einsatz

der künstlichen Intelligenz bei der Buchhaltung in Erwägung ziehen. Damit lassen sich neue Ressourcen gewinnen – in Bezug auf Zeit, Kosten und kreative Human Resources.

- **Steigern** Sie die Kernkompetenzen, die Sie dazu befähigen, an Ihrem Business oder an Ihrer Aufgabe zu arbeiten und wesentlich voranzukommen. Das können Weiterbildungen sein oder die Spezialisierung in einer bestimmten Materie oder die investierte Zeit in die Entwicklung von neuen Produkten. Konzentrieren Sie sich nicht auf die Konkurrenz, sondern auf Ihre eigenen Stärken.

- **Kreieren** Sie neue, nie da gewesene Abläufe oder Ideen, die Sie näher zu Ihrem Ziel bringen, und konzentrieren Sie sich auf die Strategie. Das können Kooperationen mit neuen – untypischen oder ungewöhnlichen – Geschäftspartnern sein. Oder aber auch kreative Verbindungen von Ihrem bestehenden Produkt mit neuen Vertriebswegen, die bisoziativ entstanden sind, das heißt nie zuvor zusammen gedacht wurden. Im Gegensatz zu Assoziationen, also Verbindungen, die auf dem Ähnlichkeitsprinzip basieren, werden Bisoziationen als »Geistesblitze« oder der »göttliche Funke« bezeichnet, da hier Dinge oder Begriffe verknüpft werden, die zunächst nichts miteinander gemeinsam haben und deren Verbindung die geistigen Routinen durchbricht.[11] Kombinieren Sie vorhandene Bilder, Begriffe oder Vorstellungen aus unterschiedlichen Kontexten zu neuen Produktideen und Lösungen, mit denen Sie sich Ihren eigenen Blue Ocean erobern können. (Mehr zur Innovation finden Sie im Abschnitt »Innovation fördern«.)

Wir erkennen also: Der Bezugspunkt einer Vision ist immer ein *Engpass.* Als Engpass verstehen wir einen Schmerz, ein Unwohlsein, die Unzufriedenheit über einen gegenwärtigen Zustand. Mithilfe der Vision, also dem Gedanken, wie etwas *besser* werden könnte, entsteht die *Innovation.*

Hier finden Sie nun eine Liste mit ganz konkreten Beispielen, wie aus einem Engpass eine Vision wurde:

- **Engpass:** Ich finde es wirklich praktisch, in der Innenstadt mobil zu sein, aber ein eigenes Auto ist mir viel zu teuer. **Innovation:** Das *Carsharing* wird erfunden.
- **Engpass:** Ich müsste eigentlich einkaufen, aber ich habe gar keine Zeit. Für die unterschiedlichsten Waren muss ich unzählige Geschäfte abklappern. Einige haben die Sachen nicht einmal vorrätig: Und ich mag nicht von Ladenöffnungszeiten abhängig sein.
  Innovation: *Amazon* wird erfunden.
- **Engpass:** Es ist so schwierig, mit Menschen in Kontakt zu bleiben, die ich jahrelang nicht mehr gesehen und irgendwann aus den Augen verloren habe. Was ist eigentlich aus meinen ganzen alten Schulfreunden geworden?
  Innovation: *Facebook* wird erfunden.
- **Engpass:** Ich bin ein wahnsinniger Musikfan, aber es gibt einfach zu viele gute Platten auf der Welt, die ich mir nicht alle leisten kann. Und selbst wenn ich es könnte, wo sollte ich den Platz hernehmen? **Innovation:** *Spotify* wird erfunden.
- **Engpass:** Ich bin jemand, der unglaublich gern reist und fremde Städte gern authentisch kennenlernen möchte. Aber Hotels sind mir einfach zu teuer. Und vermitteln mir auch nicht die Atmosphäre, in der ich das Lebensgefühl einer Stadt einfangen kann. **Innovation:** *Airbnb* wird erfunden.
- **Engpass:** Ich bin ein kreativer Kopf und habe eine tolle Idee, die ich gern umsetzen würde. Aber die Bank gibt mir kein Geld. Ich bin sicher, dass die Menschen mein Produkt gern hätten. **Innovation:** Das *Crowdfunding* wird erfunden.
- **Engpass:** Ich verabscheue Fast Food und mag es, in guten Restaurants zu essen. Aber ich bin zu faul, ins Restaurant zu gehen. **Innovation:** *Deliveroo* wird erfunden.

Best Practice: *Google* – Innovation über alles

Auf dem Bildschirm meines Laptops leuchteten Bilder. »Unvorstellbar«, sagte Lothar dazu. Ich öffnete einen neuen ganzen Schwung von Fotos. Die einen zeigten einen Tyrannosaurus Rex, die anderen lustige, überdimensionale Android-Figuren, die auf einer grünen Wiese stehen, und wiederum andere autonom herumfahrende Autos. Es schien so, als würden wir Bilder direkt aus der Zukunft betrachten. Aber es war nicht in der Zukunft. Es war bloß in Mountain View, Kalifornien, im Hauptfirmensitz von *Google*. Es war definitiv ein Vorgeschmack auf unsere Zukunft, die zumindest im *Silicon Valley* schon zur Gegenwart geworden ist. Ein Vorgeschmack auf die Zukunft unserer Arbeitswelt.

Ich schrieb gerade meinen MBA-Abschluss, und unsere Studentengruppe aus Deutschland traf sich zu Recherchezwecken mit Tony Kam. Kam ist Sales Manager bei *Google* und für die App-Entwicklungen zuständig. Er hat einen genauen Einblick in die Arbeitskultur des ehemaligen Startups, das es geschafft hat, zu einem der erfolgreichsten Unternehmen der Welt zu werden. *Google* hat unsere Welt und auch unsere Wahrnehmung von der Welt verändert. Und das nicht bloß durch die Produkte, die sie erfunden haben, sondern auch durch die Unternehmenskultur, die diese Produktentwicklungen erst ermöglicht hat. Und diese Unternehmenskultur folgt einem klaren Motto: *Innovation über alles!*

Google war nicht immer der globale Player mit dem beeindruckenden Campus, den sechzig Gebäudekomplexen, der T.-Rex-Figur und den selbstfahrenden Autos. *Google* war zunächst nur eine Idee. Die beiden Gründer Larry Page und Sergey Brin lernten sich in Harvard kennen und ärgerten sich darüber, dass die Homepage der Universität so unübersichtlich war. Wichtige Unterlagen, Informationen oder Dokumente waren so versteckt, dass man ewig suchen musste, bis man sie fand. Also programmierten die beiden ITler eine kleine Suchmaschine für den internen Universitätsserver. Sie nannten sie *BackRub*. Ihre Kommilitonen waren begeistert, und bald waren auch Page und Brin von ihrem Programm so überzeugt, dass sie es als Suchmaschine nicht mehr bloß für das Uni-Netzwerk nutzten, sondern es gleich für das gesamte Internet ausbauten. Im September 1997 meldeten die beiden Google.com an.

Google ist die Abwandlung für den mathematischen Begriff »Googol«. Googol ist eine Eins mit hundert Nullen, und der Begriff sollte ein Hinweis auf das Ziel der beiden Unternehmer sein, eine Menge von scheinbar unendlich vielen Informationen im Internet auffindbar und strukturierbar zu machen. Es ist ihnen gelungen. Es dauerte nur drei Jahre, bis sie zur größten Suchmaschine der Welt wurden. Das lag besonders an zwei Philosophien, die man sich auferlegt hatte: *Reduktion* und *Kooperation*.

Reduktion und Kooperation: zwei Strategien für den Weg zum Erfolg

Im Gegensatz zu anderen Suchmaschinen, wie beispielsweise *Yahoo* oder *AOL*, konzentrierte man sich auf das Wesentliche. Eine Homepage - eine Suchfunktion. Ganz einfach. Man stopfte die Seite nicht mit Nachrichten, Bildern, Werbeanzeigen oder Videos voll, man besann sich auf das, was man am besten konnte. Eine Suchmaschine sein.

Google war sich seiner Rolle bewusst, nur eine Dienstleistung zur Verfügung zu stellen. Die Leute kamen zu *Google*, weil sie eigentlich nach etwas anderem suchten. Und *Google* sollte dabei helfen, das Gesuchte zu finden. Page und Brin wussten, dass sie eine Schaltstelle erfanden. Sie lieferten selbst keinen Content, aber sie halfen den Content-Creators, gefunden zu werden. Gleichzeitig waren sie auf diese Content-Creators auch angewiesen. Aus diesem Bewusstsein konzipierte *Google* einen komplexen Algorithmus, der zum einen die Homepage-Betreiber belohnte, die ihre Inhalte möglichst oft erneuerten. Und zum anderen diejenigen, die ebenfalls bereit waren zu kooperieren. Je mehr man auf seiner Internetpräsenz auf andere Internetpräsenzen verlinkte, desto höher stieg man im Suchmaschinenranking auf. Das bedeutet: desto leichter wurde man gefunden.

Aber das Konzept von Kooperation und Reduktion wurde bald erweitert. Und zwar um den Punkt *Innovation*. Einmal das Rad zu erfinden war eine gute Sache. Aber um auf einem globalen Markt bestehen zu können, würde man viele neue Räder brauchen, die den Wagen stetig voranbringen. Um langfristig innovativ zu sein, konnte *Google* aber auf sein bereits bewährtes Konzept der Kooperation zurückgreifen.

Für das Unternehmen arbeiten derzeit 119 000 Menschen. Wo, wenn nicht hier, sollen Innovationen entstehen? Entsprechend bemüht ist der Konzern, seinen Angestellten eine kreative Arbeitsatmosphäre zu ermöglichen. Jedes Büro ist individuell mit unterschiedlichen Möbeln eingerichtet und gestaltet. Es gibt bei *Google* keine Fenster. Es gibt Türen. Das bei *Google* obligatorische Bällebad ist mittlerweile zu einem Synonym für die New-Work-Atmosphäre von jungen Start-up-Unternehmen geworden. Konferenzen werden auch mal am Billardtisch abgehalten. Auf dem Campus verstreut stehen *Google*-bunte Fahrräder, mit denen man sich fortbewegen kann. Es gibt sogar ein kleines Bassin mit einer Gegenstromanlage: eine Art One-Man-Pool. Man kann seine Badesachen anziehen, sich reinsetzen und gegen den Strom anschwimmen, um ein wenig überschüssige Energie abzubauen.

Der gesamte *Google*-Campus soll ein Ort der Kreativität sein. Ein Ort, der die Vorstellungskraft anregt. *Google* will kreative Mitarbeiter. Und *Google* fördert auch das kreative Denken im Arbeitsalltag. Kreativität funktioniert nicht im freien Raum, sie braucht einen Rahmen,

Kreativität braucht einen Rahmen.

den man zur Verfügung stellt. Ideen können überall entstehen, aber sie brauchen einen Bezugspunkt, den das Unternehmen liefert. Wie der preisgekrönte surrealistische Filmemacher David Lynch einmal sagte: »Wer fliegen will, der braucht ein Fundament, von dem er starten kann.« Dieses Fundament ist für *Google* der Campus.

Kam erklärte uns damals, wie der Arbeitsalltag hier genau aussieht: 70 Prozent der Arbeitszeit verbringen die Mitarbeiter damit, tagesaktuelle Aufgaben zu erledigen, die anfallen. Für 20 Prozent der Arbeitszeit können sich die Mitarbeiter in Projekten ihrer Wahl engagieren, die nicht zu ihrem unmittelbaren Arbeitsumfeld gehören. Und die restlichen 10 Prozent können sie in eigene, komplett neue Projekte investieren.

Wie uns ein Silicon-Valley-Experte während der letzten Korrekturen bestätigte: Mittlerweile sind es bereits 20 Prozent. »Wenn jemand eine Idee hat, dann ist er angehalten, sie zu verwirklichen. Ihr nachzugehen«, sagt er. »Wir sind ein Technologiekonzern. Wir leben von Innovationen.«

Mitarbeiter werden bewusst ermuntert, eigene Ideen zu entwickeln. Ob sie verwirklicht werden, hängt davon ab, ob die Nutzer sie annehmen. Alles, was *Google* auf den Markt bringt, wird von der ersten Sekunde an evaluiert. Daten werden ausgewertet, und auf Grundlage dieser Daten werden Entscheidungen getroffen. Hat ein Projekt Potenzial oder nicht? Die Daten verraten es.

Die Datenverliebtheit im Silicon Valley kann aber auch befremdlich wirken. Noch bevor wir uns im Headquarter von *Google* einfanden, hatten wir selbst welche auf dem *Google*-Campus erhoben. Wir waren vom Konzern im Rahmen unserer Studienreise eingeladen und hatten die Möglichkeit, einige Fragen an hochrangige Mitarbeiter zu stellen. Allerdings war das keine allzu spontane Angelegenheit. Wir waren angehalten, die Fragen per Mail schon einige Wochen im Voraus an die richtigen Ansprechpartner zu adressieren. Kurioserweise bekamen wir auf Grundlage der E-Mails, die wir geschickt hatten, kurz vor unserem Besuch *Google*-Werbung für Veranstaltungen zugemailt – die jeweils auf die Interessensgebiete zugeschnitten waren, die sich aus dem Kontext unserer Fragestellungen ableiten ließ. Ein unheimliches Gefühl. Als *Google* sein Kartografierungstool Street View freischaltete, gab es in vielen Ländern einen Aufschrei. Per Mausklick kann man sich in eine Karte hineinmorphen und sieht fortan Realfotografien von den Straßen, durch die man sich hindurchklicken kann. Besonders in Deutschland haben viele Menschen mit Verweis auf den Datenschutz die von öffentlichen Straßen aus entstandenen Bilder ihrer eigenen Häuser pixeln lassen.

»Paradox« nennt das der US-Technikjournalist Jeff Jarvis.[12] Er sagt, die Deutschen hätten ein schizophrenes Verhältnis zu ihrer Privatsphäre. Sie würden auf der einen Seite bei *Google* die Fassaden ihrer Häuser verpixeln lassen, sich

Ideen sind Allgemeingut.

aber ungeniert in der Sauna vor anderen Menschen nackt zeigen. Jarvis hat einen Punkt angesprochen. Denn in Deutschland pocht man in der Tat in bestimmten Momenten massiv auf seinen eigenen Datenschutz, während man Firmen wie *Amazon*, *Facebook* oder *Google* zugleich bedenkenlos sämtliche Informationen über sich zur Verfügung stellt. In der Corona-Krise wurde die Debatte darüber, ob man dem Gesundheitsministerium über eine App Basisinformationen über eine mögliche Erkrankung und seinen jeweiligen Aufenthaltsort bereitstellen will, mit großes Skepsis geführt, während Südkorea mittels dieser Bürgerinformationen die Pandemie relativ effizient in den Griff bekommen konnte. Jarvis tritt schon seit Jahren für eine neue Haltung in Sachen Privatsphäre ein. Das Prinzip der Öffentlichkeit folge einer Ethik des Teilens und Verbreitens, während Privatsphäre auf einem Konzept exklusiven Wissens beruhe. Die deutsche Tabuisierung persönlicher Daten hält er für überholt.

Genauso sieht es auch *Google*. Daten sind das Kapital der Firma. Und das Teilen von Informationen ist Bestandteil der Firmenphilosophie. Zwar dürfen die Mitarbeiter kreativ an eigenen Projekten arbeiten, aber keines dieser Projekte behalten sie für sich. Ideen sind Allgemeingut. Sie werden in der Cloud für alle anderen zur Verfügung gestellt. Eine Idee ist nur dann gut, wenn sie sich entwickelt, und sie entwickelt sich am besten, wenn sie von verschiedenen Seiten gedacht wird. Wenn eine Idee dann zu Ende gedacht wird, wird sie am Markt getestet. Funktioniert sie, wird sie beibehalten; funktioniert sie nicht, wird sie verworfen.

Google hat bei seinen Mitarbeitern eine *Fehlerkultur* implementiert. »Wir fallen schneller als andere. Aber auf diese Weise lernen wir auch schneller«, erklärte Kam. Wer nicht bereit ist, Fehler zu machen, der ist auch nicht bereit, ein Wagnis einzugehen. Und wer nichts wagt, der wird keine Innovationen schaffen. In Silicon Valley nennen sie das Prinzip wie gesagt *Raise – Fail – Adapt – Grow*.

Aber warum ist Innovation für *Google* so wichtig? Weil *Google* weiß, dass es genügend Beispiele von Firmen gibt, die ihren einstigen Status verloren haben, weil sie sich auf einer einzelnen Idee ausgeruht hatten. Weil sie nicht mehr bereit waren, nach vorn zu denken. Die Fotofirma *Kodak* ist ein gutes Beispiel

Überleben heißt, die Zeichen der Zeit zu erkennen.

dafür. Über Jahrzehnte war sie Platzhirsch im Bereich der analogen Fotografie, aber sie hat die Zeichen der Zeit nicht erkannt und den Anschluss an das digitale Zeitalter verpasst. Daran ist sie gescheitert. Das will *Google* mit allen Mitteln verhindern. Und so bringt das Unternehmen in steter Regelmäßigkeit neue Tools auf den Markt. *Google Maps, Google Books, Google Translator, Google Handys, Googles Virtual Reality*. Einige setzen sich durch, andere nicht.

Um den Innovationsgeist im Unternehmen auch weiterhin zu sichern und keine Gewohnheit aufkommen zu lassen, die zur Trägheit führt, haben sich die Gründer Page und Brin bereits von ihrem CEO-Posten zurückgezogen. Sie arbeiten jetzt in kleinen Arbeitsgruppen mit und überlassen die Firmenführung den Nachwuchskräften. Nur so, sagen sie, kann dafür gesorgt werden, dass die Firma auch nach zwanzig Jahren noch frische Impulse setzt, statt in alten Strukturen zu verharren.

Wir schauen uns noch einmal die futuristischen Fotos an, die bei diesem Amerika-Trip entstanden sind. In der Tat: *Zukunft heißt, über die Gegenwart hinauszudenken.* Viele Firmen wären gut beraten, wenn sie das auch täten, statt bloß ihren eigenen Ist-Zustand zu verwalten.

Innovation fördern

Wir sehen, dass Unternehmen hier vor einer großen Herausforderung stehen. Sie stehen vor einer zentralen Frage: Wie können sie es schaffen, ihre Innovationsfähigkeit zu erhalten? Einer der Inputs, die Silvia aus Silicon Valley mitbrachte, war die Sache mit der Innovation in erfolgreichen Organisationen. Ihr Professor David Caldwell hatte dazu einen ganzheitlichen Ansatz. Er zeigte, wie wichtig es ist, wenn alle verantwortlichen Komponenten auf ein Ziel, nämlich den Unternehmenserfolg, ausgerichtet sind. Caldwell sprach vom *Alignment* (Ausrichtung) und demonstrierte das an einem einfachen Modell: Wenn ein Unternehmen eine Innovationsstrategie beschließt, leiten sich daraus einige operative Maßnahmen ab. Diese Maßnahmen können nur unter einer Voraussetzung erfolgreich umgesetzt werden: wenn sie mit den bestehenden Mitarbeitern *(People)*, den etablierten Strukturen *(Systems)* und der gewohnten Unternehmenskultur *(Culture)* harmonisiert werden und gleich ausgerichtet sind. Würde nur eine dieser Komponenten nicht zu der Strategie passen, sei eine Innovationsinitiative nur schwer umzusetzen.

Schauen wir uns das einmal anhand eines konkreten Beispiels an: Wir haben ja schon *Google* kennengelernt. *Google* vertraut auf die Innovationskraft seiner Mitarbeiter. Um diese zu fördern, hat es *Arbeitszeitstrukturen* geschaffen, die es den Angestellten ermöglichen, mindestens 20 Prozent der Dienstzeit für eigene Ideen aufzuwenden. Würde eine Firma das *Google*-Modell adaptieren, seinen Mitarbeitern aber vorschreiben, dass sie weiterhin zu 100 Prozent ihrer eigentlichen Tätigkeit nachgehen sollen, hätte man sie wahrscheinlich bereits verloren. Sicher könnten sie auch in ihrer Freizeit Ideen für ihre Firma entwickeln. Aber wenn sich das Unternehmen nicht um seine Mitarbeiter bemüht, warum sollten die Mitarbeiter das dann für ihren Arbeitgeber tun?

Es reicht aber auch nicht aus, wenn Mitarbeitern einfach nur Freiräume gelassen werden, damit sie »irgendetwas entwickeln«. Es darf kein Druck ausgeübt werden. Kreativität ist eine zarte Pflanze.

Identifikation schafft Motivation.

Und vielleicht kennen Sie ja selbst das Gefühl, dass Ihnen die besten Ideen unter der Dusche gekommen sind? Oder bei einem Spaziergang? Das bedeutet: Man kann seinen Mitarbeitern Kreativität nicht aufzwingen, man kann Ihnen nur ein Umfeld und ein Setting bieten, in dem kreatives Denken gefördert wird. Oftmals reicht es schon aus, wenn man den Menschen glaubhaft das Gefühl gibt, dass ihre Meinung gefragt ist und dass sie wertgeschätzt werden. Eine monetäre Möglichkeit wäre etwa die »Stock Compensation«: die Aktienbeteiligung. Das sendet ein ganz klares Signal: Geht es unserer Firma gut, dann geht es auch dir gut, lieber Mitarbeiter. Wenn du dich also aktiv daran beteiligst, unsere Firma voranzubringen, profitierst auch du. Wer Teil von etwas wird, das größer ist als er selbst, beginnt, sich mit dem Gesamtkonstrukt zu identifizieren. Und wenn sich ein Mitarbeiter mit einer Firma identifizieren kann, dann hat er ein ureigenes Interesse daran, sie nach vorn zu bringen. Auf diese Weise gewinnt man seine Mitarbeiter für sich und bindet sie langfristig.

Das bestätigt auch das Beispiel von Silvias Freund Karl, den sie auf dem Flug von München nach San Francisco kennenlernte. Er war gerade auf dem Weg nach Las Vegas, und zwar zu der NAB-Show, der weltweit größten Messe für elektronische Medien. Karl wirkte motiviert. Mehr als das. Trotz des langen Fluges sah man die Vorfreude in seinen Augen. Er freute sich auf die Messe, aber vor allem auf den Job, den er vor Ort machte. Karl arbeitete in Deutschland für eine dänische Firma in privater Hand und erzählte, dass das genau der Job war, den er sich immer erträumt hatte. Der Job, der ihn ganz erfüllen würde. Er gab einfach alles. Eines Tages ging er zu seinem Chef und sagte ihm, dass er so sehr für die Company seines Bosses arbeiten würde, als ob es seine eigene wäre. Er fragte, ob es möglich wäre, Anteile an der Firma zu kaufen. Aber der Chef lehnte ab. Karl war enttäuscht.

Ein Jahr später rief der Chef Karl in sein Büro. Und willigte dieses Mal ein: Karl wurde zum Anteilseigner mit einem 1 %. Das hat gereicht, um mit dem Gewinn eine Wohnung in München zu bezahlen. Und weiter noch. Auf Karls Initiative hin gab das Unternehmen allen Mitarbeitern die Möglichkeit, sich zu beteiligen. Das haben die meisten genutzt – mit Erfolg.

Damals in Flint während der großen Arbeitskämpfe und der Geburt der New Work, da hielt Frithjof Bergmann vor den Entscheidern und der Belegschaft eine große Rede: »Bevor wir irgendwelche Bilder zeigen oder irgendwelche technischen Maschinen oder Technologien vorstellen, beharren wir stets darauf, dass sie, die Menschen, mit denen wir arbeiten, am Steuer sitzen. Alle Entscheidungen werden sie selbst treffen müssen, und auch die Arbeit wird von ihnen kommen müssen: Überhaupt nichts wird geschehen, kein Nagel wird eingeschlagen und kein einziger Schlüssel wird in irgendeinem Schloss umgedreht, *bevor sie* sich in ihrem Geist vollkommen klar darüber sind, dass es das ist, was *sie* wirklich und ernsthaft wollen!«

Damit benannte er den *Schlüsselaspekt* einer erfolgreichen New-Work-Umstellung: *Alle müssen auf eine Richtung eingestellt sein.*

New-Work-Skill

Nur eine *gemeinsame Ausrichtung* von *Systemen, Mitarbeitern* und *Unternehmenskultur* führt zu Innovation und zum Erfolg allgemein. Sollte auch nur ein Bestandteil nicht funktionieren, ist das gesamte Konstrukt in Gefahr.

Das Koala-Paradoxon

Zu viel Anpassung kann schädlich sein

Doch wenn eine Firma zu erfolgreich wird und sich zu stark an ihren Markt angepasst hat, dann kann das auch gefährlich werden. Und das lässt sich mit dem *Koala-Paradoxon* erklären, das Professor Caldwell regelmäßig in seinen Vorlesungen einbrachte.

Koalas sind niedliche Zeitgenossen. Die australischen Nationaltiere mit der süßen Nase und den schwarzen Kulleraugen sind aber auch ziemlich faul. Sie schlafen bis zu zwanzig Stunden am Tag und damit länger als die obligatorisch schon sehr behäbigen Faultiere.

Die langen Schlafphasen haben auch etwas mit der besonderen Verdauung der Tiere zu tun, und diese besondere Verdauung basiert wiederum auf der Anpassungsfähigkeit der Koalas. Koalabären leben hauptsächlich in den australischen Wäldern, in denen besonders häufig Eukalyptuspflanzen anzutreffen

> *Die Bewahrung der Innovationsfähigkeit ist ein fortlaufender Prozess.*

sind. Für die meisten Tiere ist Eukalyptus giftig. Der Koala aber hat sich perfekt an seine Umwelt angepasst und einen Weg gefunden, die Giftpflanze zu verdauen und sich aus ihr Energie in Form von Zucker, Stärke, Fett und Eiweiß zu ziehen. Sein ganzer Stoffwechsel ist tatsächlich auf die Eukalyptusaufnahme ausgerichtet. Perfekte Anpassung, ja. Aber was würde passieren, wenn man den Koala aus seinem natürlichen Lebensraum Australien rausholt? So tragisch es ist, er würde sterben. Koalabären hätten in Asien, Europa oder Amerika keine Chance zu überleben. Sie haben sich so sehr an den Eukalyptusbaum gewöhnt, dass ihr gesamter Stoffwechsel ohne ihn zusammenbrechen würde.

New-Work-Skill

Auf die Unternehmen bezogen, ist der Koala eine Warnung. Das Erreichen eines Ziels führt zu Erfolg. *Und Erfolg kann sehr schnell zu Trägheit verleiten.* Wenn sich wichtige äußere Umfeldbedingungen ändern, kann mit den bestehenden eingespielten Komponenten nicht schnell genug umgesteuert werden. Dann droht das Unternehmen unterzugehen. Man sollte sich auf seinen Erfolgen also nicht ausruhen. Sich die Innovationsfähigkeit zu bewahren ist ein fortlaufender Prozess, der niemals zu einem Ende kommt.

19. S WIE SYNCHRONISIEREN

A ls Frithjof Bergmann sein Konzept der New Work erstmals vorstellte, da war es ihm wichtig zu betonen, dass es sein erklärtes Ziel sei, dass jeder Arbeitnehmer nur noch die Arbeit macht, die er »wirklich, wirklich« machen will. Wenn Sie es also geschafft haben, die neu gewonnenen Freiräume zu nutzen, um sich Gedanken über diese Arbeit zu machen, die Ihnen »wirklich, wirklich« Befriedigung verschafft, dann sind Sie nun auch bereit, den letzten Schritt zu gehen. Und Ihr Leben endgültig so zu takten, wie es nicht bloß Ihren inneren Intervallen, sondern auch Ihren inneren Bedürfnissen entspricht. Also zu leben, wie Ihre Biologie es Ihnen vorgibt.

Die Aussteiger

E s war ein Freitagabend unter Freunden, an dem die Wahrheit endlich auf den Tisch kam. Annalena und Dennis Thelen hatten mal wieder Caroline und Christian eingeladen, das befreundete Pärchen. Christian arbeitete mittlerweile in einem anderen Tech-Start-up, und Caroline hangelte sich von Auftrag zu Auftrag. Gerade erledigte sie ein paar Grafikdesigns für einen internationalen Modekonzern.

Die Erzählungen der beiden klangen wie Storys aus einer anderen Welt. Letzte Woche erst waren sie aus Shanghai zurückgekehrt. Sie hatte dort ein Kundenmeeting, und er nutzte die Gelegenheit und flog gleich mit, um mal wieder einen seiner Vorträge zu halten, mit denen er seine Freizeit so gern verbrachte. Doch es waren gar nicht so sehr die Erzählungen aus Asien, die Annalena und Dennis so faszinierten. Es waren die Erzählungen von Vertrauensarbeitszeit und Homeoffice, von freier Arbeitszeiteinteilung und Büros, in denen Tischkicker standen. Es wurde ein langer Abend. Ein schöner Abend.

»Meinst du, die beiden sind glücklich?«, fragte Annalena ihren Mann, als das befreundete Paar kurz nach Mitternacht die Wohnung der beiden verlassen hatte.

»Ja«, sagte Dennis, ohne zu zögern. »Das hat man ihnen doch angesehen.«

Annalena zögerte. »Denkst du, das würden sie auch über uns sagen?«

Während sie die Weingläser abspülten, entstand eine Pause. »Sind wir denn glücklich?«, fragte Dennis plötzlich und wusste nicht, was für eine Kettenreaktion er mit dieser Frage noch auslösen würde.

Dennis arbeitete in einer Wirtschaftsagentur. Ein großes Unternehmen. Er mochte seinen Job sehr. Theoretisch. Aber die Arbeitszeiten machten ihn wahnsinnig. Sein Chef verlangte frühe Anwesenheit. Die erste Konferenz begann bereits um 9.00 Uhr. Seine kreativsten Phasen hatte Dennis allerdings erst spätabends. Da er seinen Job mit Leidenschaft machte, wollte er sie nicht verstreichen lassen. Und war eigentlich ständig übermüdet. Annalena hingegen mochte ihren Job nicht wirklich. Aber immerhin passte er gut zu ihrem Chronotyp. Sie war eine Frühaufsteherin. Doch die Arbeit in der kleinen Sparkassenfiliale erfüllte sie nicht. Eigentlich war Annalena ein kreativer Mensch.

Die beiden ahnten nicht, dass ihre Freunde zur selben Zeit ein ähnliches Gespräch führten. Denn so glücklich Christian und Caroline auch mit dem waren, was sie taten, auch sie hatten wieder und wieder das Gefühl, nicht wirklich nach ihrem eigenen Takt zu

Etwas Grundlegendes muss sich ändern.

leben. Zu sehr fremdbestimmt zu sein. Als sich die vier ins Bett legten, war jedem von ihnen klar, dass sie *irgendetwas ändern mussten. Etwas Grundlegendes.*

Die Synchronisation für den Intensiven

Dennis wollte seinen Job behalten. Sein Setting, also der Arbeitgeber samt seinen Werten und seiner Ausrichtung, gefiel ihm. Nur die Arbeitsumstände strengten ihn an. Er wollte sie gern *besser an seine Intervalle anpassen.* Also überlegte er sich einen **Fünf-Punkte-Plan.** Genau richtig. Denn wer wirkliche Veränderungen erzielen will, der muss auch strategisch denken können:

- **Schritt 1: Positionieren Sie sich.** Dennis hat sich die Tipps aus dem Kapitel »O wie organisieren« zu Herzen genommen und seinen Arbeitsalltag so optimiert, dass er nun mit sehr viel weniger Zeitaufwand sehr viel bessere Ergebnisse erzielt. Er braucht weniger Arbeitszeit, hat aber einen besseren Output, ist konzentrierter und effizienter geworden. Das gibt ihm ein ganz neues Selbstbewusstsein. Und das fällt natürlich nicht nur seinen Kollegen, sondern auch seinen Vorgesetzten auf. Was ist plötzlich los mit Dennis? Er war ja schon immer ein guter Mitarbeiter, aber jetzt sind seine Ergebnisse außergewöhnlich. Dieser erste Schritt ist wichtig, um sich in eine gute Ausgangsposition zu bringen.
- **Schritt 2: Kurze Verabschiedung.** Nachdem Dennis in seinem Unternehmen ein wenig Eindruck schinden konnte, suchte er einen Anlass, um sich erstmalig aus dem Büro zu verabschieden. Er fand sehr schnell einen. Er meldete sich bei seinem Chef und sagte, es gehe

ihm nicht sonderlich gut. Er fühle sich krank. Nicht so krank, dass er nicht arbeiten könne, aber so krank, dass

er lieber nicht im Büro wäre. Dennis schlug vor, zwei Tage von zu Hause aus zu arbeiten. Sein Chef willigte ein. »Besser geminderte als gar keine Arbeitskraft«, dachte dieser sich. Darauf hatte Dennis spekuliert. In den kommenden zwei Tagen arbeitete er von zu Hause nochmals härter, als er es im Büro gemacht hätte. Und er hinterließ nachvollziehbare Spuren. Er schrieb E-Mails, die belegten, dass er anwesend war, er schickte am Abend des ersten »Krankheits«tages bereits den fertigen Wochenbericht, der doch eigentlich erst am Freitag fällig gewesen wäre. »Was passiert denn da?«, fragte sich Dennis' Chef. »Ist mein Mitarbeiter vielleicht produktiver, wenn er krank ist?«

- **Schritt 3: Ergebnisse aus der Fremde liefern!** Dennis legte ungefragt einen detaillierten Arbeitsnachweis vor, als er wieder zurück im Büro war. Sein Chef wirkte beeindruckt. Und das habe er alles von zu Hause aus geschafft? Dennis sagte, dass er von zu Hause besser arbeiten könne, und erklärte ihm alles. Er sprach auch offen mit seinem Chef über seine *Intervalle*. Er sei ein Nachtmensch und nachts wesentlich effizienter als tagsüber. Die frühen Konferenzen würden ihn völlig durcheinanderbringen. Wahrscheinlich hätte sein Chef ihm gar nicht zugehört, wenn er in den letzten Wochen nicht so über sich hinausgewachsen wäre. Aber so hatte er die Aufmerksamkeit seines Vorgesetzten. Und dann machte Dennis ihm ein Angebot: Es stand noch ein wichtiges Projekt an, das er verantwortete. Er bat seinen Chef, die Morgenkonferenzen aussetzen und mehr von zu Hause arbeiten zu dürfen, und versprach im Gegenzug, dass er das Projekt dafür eine Woche früher als geplant fertigkriegen würde. »Wenn ich es nicht schaffe«, sagte Dennis, »werde ich nie wieder nachfragen. Und ich hätte dann ja noch eine Woche Zeit, es von meinem Büro aus fertigzustellen. Wenn ich es aber schaffe, haben wir beide profitiert.«

Sein Vorgesetzter dachte nach. Es war keine riskante Wette für ihn, denn er hatte ja nichts zu verlieren. Er konnte nur gewinnen. Also stimmte er zu.

Alle können gewinnen.

- **Schritt 4: Änderungen besiegeln.** Natürlich bekam Dennis es hin. Das Projekt war eine Woche früher als geplant fertig. Und das Ergebnis war großartig. Dazu musste er sich nicht einmal mehr anstrengen als sonst. Im Gegenteil: Dadurch, dass er ausschlafen konnte, dass er *im Einklang mit seiner natürlichen Intervall-Woche* lebte, war er ganz von allein viel effizienter. Dennis hatte sich bewiesen. Und dehnte die Testphase nun ein wenig aus. Auf noch ein Projekt. Und noch eins. Schließlich bat er seinen Chef, mit ihm über ein neues Arbeitszeitmodell nachzudenken. Dennis würde schon gern viel in der Firma sein, aber eben nicht zu den frühen Stoßzeiten. »Es geht doch um das Ergebnis, nicht um die Anwesenheit, oder?« Sein Chef stimmte zu. Und Dennis hatte es geschafft, sein Setting mit seiner eigenen *Chronobiologie* perfekt zu synchronisieren.

- **Schritt 5: Der erste Dominostein sein.** Große Unternehmen sind oft schwerfällig. Man muss sie sich wie ein riesiges Schlachtschiff vorstellen. Im Gegensatz zu kleinen Start-ups, die eher mit Motorbooten zu vergleichen sind, sind sie nicht ansatzweise so wendig. Eine Kursänderung braucht Zeit. Das Manövrieren muss entsprechend wohl überlegt sein. Aber jedes Unternehmen hat ein klares Interesse, seinen Kurs Richtung Erfolg zu setzen. Dennis hat gezeigt, dass sein Weg zum Erfolg führt. Und so wurde er ein Vorbild. Nach und nach zogen mehr Kollegen nach. Und je mehr Kollegen er mit seinen Ideen ansteckte, desto mehr sahen seine Vorgesetzten, dass es vielleicht noch effizientere Wege gibt, das Unternehmen zu organisieren. Nach und nach führten sie *New-Work*-Elemente ein. Und sahen erstaunliche Ergebnisse. Sie sind nur ein einzelner Mitarbeiter in einem großen Unternehmen, der nichts ändern kann? Von wegen! Sie sind der erste Dominostein, der in der Lage ist, eine Kettenreaktion auszulösen!

Die Synchronisation für den Traditionellen

Bei Annalena war die Sache nicht ganz so einfach. Ihre *Intervalle* waren einigermaßen synchron mit ihren Arbeitszeiten, aber die Arbeit, die sie machte, erfüllte sie nicht. Das, was sie eigentlich wollte, konnte sie ganz klar formulieren: Sie wollte gern Schmuck designen. Das war ihr Kindheitstraum. Das war schon ihr Wunsch als kleines Mädchen.

»Dann steig doch aus«, sagte ihr Dennis, der durch seine neu gewonnenen Freiheiten geradezu euphorisiert und voller Tatendrang war. Es wäre die vermeintlich einfachste Methode. Aussteigen. Sich einen neuen Job suchen. Ins Risiko gehen.

Aber das war nicht der Weg von Annalena. Annalena hatte eine klassische Banklehre gemacht, ihr war das Risiko viel zu hoch, die Branche zu wechseln. Was, wenn es nicht klappte? Dennis kannte seine Frau. Er wusste, dass sie nicht der Risikotyp war. Also musste sie einen anderen Weg finden. Den Weg, nach und nach ihrer Vision zu folgen. Und ihr Setting dieser Vision anzupassen. Annalena gelang das schließlich in drei Schritten:

- **Schritt 1: Freiräume schaffen.** Auch Annalena fing zunächst an, durch die Optimierung ihres Arbeitsumfelds mehr Zeit für sich zu gewinnen; und diese Zeit nutzte sie, um das zu tun, was sie »wirklich, wirklich« tun wollte: Schmuck machen. Zunächst nur in ihrer neu gewonnenen Freizeit. Bisher hatte sie sich daran lediglich hobbymäßig versucht, jetzt machte sie es allerdings mit einem Plan im Hinterkopf: Sie setzte eine Homepage auf und stellte den Schmuck dort zum Verkauf. Sie meldete ein Nebengewerbe an und hatte jetzt ein eigenes Business, an dem sie Schritt für Schritt weiterarbeiten konnte. Und auch wenn die ersten vereinzelten Bestellungen nur von ihren Freunden kamen, gab ihr das Motivation.

- **Schritt 2: Auszeiten zulassen.** Aber Annalena war nicht bloß motiviert. Sie war auch zufriedener. Und diese Zufriedenheit spürte man in der kleinen Sparkasse. »Frau Thelen«, sagte ihre Chefin ihr eines Tages. »Sie strahlen ja so.« Das tat sie. Denn sie machte nun, zumindest in

Stimmen Sie »Brot-« und »Herzensjob« aufeinander ab.

einem bestimmten Teil ihres Lebens, etwas, was sie erfüllte. Und auf einmal sah sie die Arbeit in der Bank mit ganz anderen Augen. Sie verstand, dass das ihr »Brotjob« war, der ihr erst ermöglichte, ihren »Herzensjob« auch zu verwirklichen. Von ihrer Zufriedenheit profitierte aber auch das Unternehmen, in dem sie ja noch arbeitete. Annalena war ihrer Chefin gegenüber sehr transparent und erzählte ihr vom ersten Tag an von ihrem neuen Nebengewerbe. Zugegeben, die Filialleiterin war zunächst wirklich ein bisschen skeptisch. Aber als sie sah, dass Annalenas Projekt ihre Produktivität nicht beeinträchtigte, im Gegenteil, ihre Arbeitsleistung sogar steigerte, unterstützte sie ihre Angestellte mit allen Mitteln.

- **Schritt 3: Die finale Synchronisation.** Nach etwa drei Jahren war es so weit. Annalena hatte so viel Herzblut in ihr kleines Schmuckdesign-Baby gesteckt, dass es nun auf eigenen Beinen stand. Durch ihren Online-Handel kamen regelmäßig so viele Anfragen rein, dass sie nicht nur gut zu tun hatte, sondern auch einen netten Nebenverdienst erwirtschaftete. In der lokalen Presse wurde über ihr Projekt bereits positiv berichtet. Sie war happy!

»Und jetzt?«, fragte Dennis sie eines Abends. »Willst du nicht langsam bei deiner Bank kündigen? Du könntest doch allein von dem Schmuck leben.« Annalena nickte. Bisher hatte sie sich nicht getraut, diesen finalen Schritt zu gehen. Aber jetzt, jetzt war die Zeit gekommen, endgültig aus ihrem alten Leben auszusteigen.

Die Synchronisation für den Flexiblen

Christian war müde. Sehr müde. Zwar war es für ihn immer ein Traum gewesen, neben seinem Job noch seine eigenen Projekte zu verwirklichen, aber er spürte, dass ihm nach und nach die Energie fehlte, alles unter einen Hut zu bringen. Klar, er hatte ja auch keinen Urlaub, denn seinen Urlaub füllte er mit anderen Projekten. Er brauchte jetzt mal ganz dringend eine Pause:

- **Schritt 1: Pause.** Also vereinbarte er mit seinem Chef ein halbjähriges Sabbatical. Ein Sabbatical funktioniert so: Über einen gewissen Zeitraum bekommt man nur einen prozentualen Teil seines Gehalts ausgezahlt, darf sich dann für eine Zeitspanne zwischen drei und zwölf Monaten aber eine Auszeit nehmen, in der dann der zurückgestellte Teil des Einkommens ausgezahlt wird. Im Prinzip ist das Sabbatjahr eine »bezahlte« Freizeit, für die man angespart hat. Christian nutzte dieses halbe Jahr, um die Welt zu bereisen. Er war in Thailand, Indien, in den Vereinigten Staaten und in Südafrika. Die meiste Zeit war seine Frau Caroline bei ihm, denn sie war ja mittlerweile sowieso völlig flexibel, da sie das Leben einer *digitalen Nomadin* (siehe unten) führte. Während seines Sabbaticals nutzte Christian die Chance, sich noch intensiver seinen Studien zur New Work widmen zu können. Er konzipierte einen ganz neuen Blog zu dem Thema und schrieb ein paar Aufsätze. Die Auszeit war für Christian genau das Richtige.

Übrigens: Bei der Vorgehensweise der Synchronisation ist ein wenig Strategie nicht verkehrt. Die allergrößten Strategen, die es in diesem Kontext gibt, sind die sogenannten *Frugalisten* (lat. *frugalis* [nutzbar, sparsam]).

Gehen Sie strategisch vor.

Sie rechnen ihr Einkommen auf die nächsten Jahre und Jahrzehnte hoch, entscheiden sich bewusst für einen extrem minimalistischen Lebensstil und schaffen es dann, mit Mitte dreißig oder mit vierzig bereits in Rente zu gehen und von ihrem Ersparten zu leben. Zugegeben, ein sehr radikaler Weg, sich Freiräume zu schaffen für die Dinge, die man »wirklich, wirklich« machen möchte. Für Christian war das aber gar nicht notwendig. Sein Sabbatical war ihm Pause genug. Er kehrte mit noch mehr Enthusiasmus in sein altes Arbeitsleben zurück.

- **Schritt 2: Einen freien Tag gewinnen.** Neben einer längeren Pause, die er nun alle paar Jahre einmal nehmen wollte, war es für Christian wichtig, seine Intervalle noch ein bisschen besser mit seinen Bedürfnissen zu synchronisieren. Also entschied er sich für eine Arbeitszeitreduzierung und arbeitete fortan nur noch auf einer 75-Prozent-Stelle in seinem Start-up. Es fiel ihm nicht schwer, seinen Chef davon zu überzeugen. Denn dieser kannte Christian. Er wusste, dass er Feuer und Flamme für seinen Job war und in der verkürzten Zeit mit seinem Enthusiasmus trotzdem mehr leisten würde als jeder, der eine Vollzeitanstellung hatte. Er wusste, dass es – im Gegenteil sogar – kontraproduktiv gewesen wäre, Christian diesen Wunsch nicht zu erfüllen. Denn Christian in seinem Eifer zu unterstützen bedeutete, einen vor Ideen nur so übersprudelnden Mitarbeiter zufriedenzustellen, der es dem Unternehmen zu danken wusste. Außerdem hatte der Chef Christians neuen Blog über die New Work gelesen, der in dem Sabbatical entstanden war, und konnte sich auch für dieses Konzept begeistern. Den neu gewonnenen freien Tag nutzte Christian dann für seine Vorträge. Sie bildeten für ihn jetzt das perfekte Gegengewicht zu seiner Tagesarbeit.

Die Synchronisation für den Engagierten

Teamarbeit lohnt sich vielleicht doch«, dachte Caroline und lächelte. Sie hatte von ihrem Verlag gerade das Buch zugeschickt bekommen, das sie gemeinsam mit Roland Magerian designt hatte: *Mode im 21. Jahrhundert.*

Es war fantastisch geworden. Sie blätterte das hochwertige Coffeetable-Format durch und war richtig stolz. »Gut, dass ich Magerian hab machen lassen«, dachte sie. Er war schon der Beste, den es gab. Und sie konnte jede Menge von ihm lernen. Sie hatte sich nur einmal drauf einlassen müssen. Das Ergebnis sprach für sich. Und ihr Name stand ja auch auf dem Cover. »Wie blöd wär ich gewesen, hätte ich das Projekt nicht angenommen!«, dachte sie noch. Dann schlug sie das Buch zu und griff zum Telefon. Sie hatte noch etwas zu erledigen.

Ihr Chef ließ ihr als Grafikdesignerin schon einen sehr großen Spielraum in der Agentur. Caroline konnte kommen und gehen, wann sie wollte. Und dennoch: Allein, dass sie überhaupt noch an ein Unternehmen gebunden war, schränkte sie gedanklich ein. Sie wollte die maximale Selbstbestimmung haben. Also entschied sie sich zur Selbstständigkeit. Der Plan war schon einige Monate in ihr gereift, heute würde sie Nägel mit Köpfen machen.

Der finale Schritt: die letzten Bindungen lösen

Sie brachte es ihrem Chef schonend bei. Sie würde weiterhin sehr gern Aufträge für die Agentur übernehmen, sagte sie. Nur eben nicht mehr mit festem Gehalt, sondern als Freelancerin. Abrechnen würde man dann nicht mehr monatlich, sondern Projekt für Projekt. Und wenn wirklich mal Not am Mann wäre, sagte Caroline, dann würde sie auch ohne Probleme in die Agentur kommen können und für einen Tagessatz aushelfen.

Für ihren Chef war das in Ordnung, denn auf diese Weise sparte er sogar noch ein wenig, da er für einen Mitarbeiter weniger Sozialkosten zu tragen hatte. Für Caroline hingegen war das ein gewaltiger Sprung, denn durch ihre Selbstständigkeit konnte sie sich auch mal einem Auftrag entziehen, wenn sie gerade wieder ein Buchprojekt hatte.

Sie war sich ganz sicher, dass es neue geben würde. *Mode im 21. Jahrhundert* würde ein Referenzwerk werden. Ein Bestseller. Ein Klassiker. Und sie von jetzt an eine noch gefragtere Illustratorin. Da Caroline ein perfektes Rhythmus-Management betrieb, machte sie sich keinerlei Sorgen, dass es zu Problemen kommen könnte.

Und sie dachte auch schon einen Schritt weiter. Bindungen lösen, das war das Stichwort. Warum denn nicht auch die Bindungen zu Deutschland lösen? Ihr Arbeitsplatz war ihr Laptop, eine WLAN-Verbindung ihr Tor zur Welt. Einen Co-Working-Space könnte sie überall auf der Welt buchen. Mehr brauchte sie nicht. Sie könnte herumreisen. Die Welt sehen. Sie könnte heute von Bali und morgen von Tokio aus arbeiten. »Theoretisch«, dachte sie, »bräuchte ich nicht mal mehr einen festen Wohnsitz.« Aber das würde Christian wahrscheinlich nicht so gut finden. »Digitales Nomadentum« nennt sich diese Lebensweise. Sie würde mit ihm darüber sprechen.

> *»Digitale Nomaden« können überall arbeiten.*

~~~~~~

Die Dominosteine fallen

Wir sehen: *Die Intervall-Woche ist möglich.* Eine Synchronisation mit Ihren individuellen Intervallen funktioniert. Vielleicht nicht von heute auf morgen. Aber Schritt für Schritt finden sich für jeden Menschen immer Möglichkeiten, nach seinen eigenen Intervallen zu leben und somit zugleich seine Produktivität und seine Lebensqualität zu steigern. Einige Wege sind komplizierter. Andere sind einfacher.

Wenn man in einem Betrieb arbeitet, in dem es bereits Schichtsysteme gibt, ist es relativ unkompliziert, seinen Chef

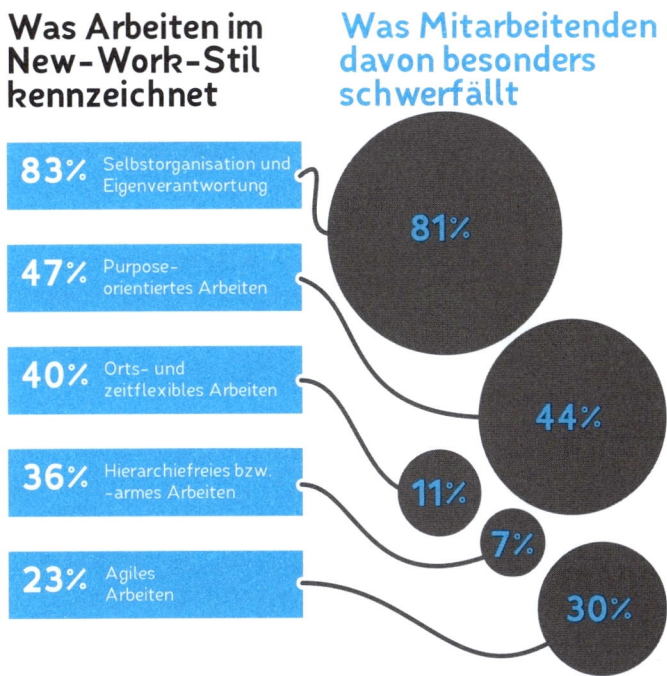

Was Arbeiten im New-Work-Stil kennzeichnet

Was Mitarbeitenden davon besonders schwerfällt

83% Selbstorganisation und Eigenverantwortung

81%

47% Purpose-orientiertes Arbeiten

40% Orts- und zeitflexibles Arbeiten

44%

36% Hierarchiefreies bzw. -armes Arbeiten

11%

7%

23% Agiles Arbeiten

30%

Ergebnisse des »MeinungsMonitors mS263«: Wer kann New Work? (Quelle: managerSeminare, Mai 2020)[13]

davon zu überzeugen, diese Schichten mit Blick auf die Chronotypen zu planen. Schwieriger wird es, wenn man in einem großen, internationalen Konzern arbeitet, in dem die Organisationsstrukturen komplexer sind. Aber auch dort findet man mit ein wenig Kreativität eine Lösung. Und wenn Sie sicher sind, dass Sie alles für die Veränderung getan haben, und keinen Erfolg erzielen konnten, dann müssen Sie gehen und aussteigen. Natürlich verlangt dieser letzte Schritt Ihnen einiges ab. Doch was ist damit gewonnen, wenn Sie mit Ihrer Energie und Ihrem Talent auf der falschen Hochzeit tanzen?

Bei einer Umfrage des Meinungsmonitors von *manager-Seminare* (2020) gaben die meisten Befragten an, dass ihnen die Selbststeuerung die meisten Schwierigkeiten (81 Prozent) macht, gefolgt von einem »Purpose-orientierten Arbeiten« (44 Prozent). Doch wenn Sie die BOSS-Methode Schritt für Schritt anwenden, werden Sie merken, wie Ihr inneres Zutrauen wächst. Sie werden feststellen, dass Sie Stück für Stück über sich selbst hinauswachsen und schließlich auch den letzten Schritt gehen können, um die Intervall-Woche endgültig zu leben. Je nachdem, welcher Typ Sie sind. Wir nennen das: *Empowerment.* Durch die BOSS-Methode werden Sie wieder zum Boss über Ihr eigenes Leben.

Wir haben bei Dennis schon gesehen, dass er der erste Dominostein war, der eine lange Kettenreaktion in seinem Betrieb ausgelöst hat. Wir haben einen großen Wunsch: Lasst uns viele Dominosteine sein! Dann können wir grundlegend etwas verändern. Die Voraussetzungen waren nie so gut.

New-Work-Skill

Sie sollten Ihr Setting am Arbeitsplatz *anpassen oder aussteigen,* wenn Sie mit der bestehenden Situation unzufrieden sind. Entwickeln Sie die Kompetenz, für sich selbst eine souveräne Entscheidung über Ihr Arbeitsleben zu treffen. Das gibt Ihnen das Gefühl von Selbstwirksamkeit und Empowerment. Für Ihre Arbeit und das Leben insgesamt.

Teil 4

DER WANDEL
ODER
WIE WIR MORGEN
ARBEITEN, UM
GLÜCKLICH ZU LEBEN –
BRAVE NEW WORK

20. DER SECHSTE
KONDRATIEFF-ZYKLUS

Dieses Buch ist ein Buch der Krise. Eine Krise ist für viele Menschen etwas Bedrohliches. Man kann in ihr aber auch etwas Gutes sehen. Denn eine Krise ist, ganz nüchtern betrachtet, zunächst einmal bloß der Höhepunkt einer Konfliktentwicklung. Ein Höhe- ist aber meistens auch ein Wendepunkt. Eine Krise kann also eine Chance sein. Der Beginn von etwas Neuem.

Die globale Pandemie von 2020 hat Folgen und Nachwirkungen, die wir bis heute noch nicht abschätzen können, aber sie bietet auch die Gelegenheit, unsere bisherige Arbeitswelt infrage zu stellen. Nicht nur, weil sie entgegen unserer Natur organisiert ist. Weil sie gegen unsere Intervalle wirkt und uns somit krank macht. Sondern auch, weil durch unsere Krankheit ebenso das System der gegenwärtigen Arbeitswelt selbst ins Wanken gerät. Wann passiert nun also, wenn wir die BOSS-Methode konsequent anwenden? Was passiert, wenn wir Menschen unsere Arbeitswelt so anpassen, dass sie sich an unserer Natur orientiert? Wir landen ganz zwangsläufig in der New Work, an deren Baukasten wir uns ja bereits bedient haben.

Wenn wir konsequent nach den *Prinzipien der Intervall-Woche* leben, dann wird ein Umdenken einsetzen. Eine Veränderung des Mindsets, von dem nicht nur die Menschen profitieren, sondern auch die Firmen, die sie umsetzen. Denn ein gesundes Verhältnis zur Arbeit erhöht die Produktivität. Sollte sich diese simple Erkenntnis durchsetzen, dann wird es eine Umwälzung geben, die für unsere gesamte Ökonomie weitreichende Folgen haben wird. Positive Folgen. Und diese Veränderungen bahnen sich bereits an.

Ein gesundes Verhältnis zur Arbeit erhöht die Produktivität.

Einer der Propheten des großen Wandels war Nikolai Dmitrijewitsch Kondratieff (1892–1938). Kondratieff war ein sowjetischer Wirtschaftswissenschaftler und einer der Erfinder der *zyklischen Konjunkturtheorie*. So wie die Chronobiologie die Rhythmen des Menschen fand, so entdeckte er die Rhythmen der globalen Weltwirtschaft. Und das wollen wir uns näher anschauen.

Er analysierte in den 1930er-Jahren die Weltkonjunktur und fand ein erstaunliches Muster. Kondratieff sah, dass es im Verlauf von fünfzig bis sechzig Jahren zu einem vollständigen wirtschaftlichen Zyklus von anfänglichem Aufschwung über eine Rezession bis zum schlussendlichen Abschwung kam. Dahinter schien eine wiederkehrende Dynamik zu stecken. Doch was war der Grund? Kondratieff ging von einer Knappheit von Produktionsfaktoren aus, die einen Innovationsschub auslöste. Er beobachtete, dass immer dann, wenn Waren oder Leistungen knapp und dadurch teuer wurden, sich auf dem Markt etwas veränderte. Es kam zum Engpass. Das Wachstum stagnierte, die Investitionen lohnten nicht mehr, die Menschen wurden nicht mehr produktiver. Dieser limitierende Produktionsfaktor zwang die Arbeitswelt, nach neuen Lösungen zu suchen. Die Wirtschaft musste wieder anspringen und die Knappheit behoben werden. Innovation war die Antwort, Umbau von Organisationen, Änderungen des Status quo, sowohl in der Bildung als auch in Politik und der gesamten Gesellschaft. Aus einer Knappheit wurde eine bahnbrechende Erneuerung, die die Entstehung neuer Branchen nach sich zog. Die Innovationen der Kondratieff-Zyklen, die später der Ökonom Peter Schumpeter als »Basisinnovationen« benannte, sind: Dampfmaschine, Textilindustrie, Eisen (1. Kondratieff: 1780er–1815); Eisenbahn und Massentransport (2. Kondratieff: 1840er–1873); Elektrizität, Stahl, Chemie, Massenproduktion (3. Kondratieff: 1890er–1918); Auto, individuelle

Mobilität (4. Kondratieff: 1940er–1973); Informations-technik, strukturierte Information (5. Kondratieff: 1980er–2020); Gesundheit, unstrukturierte Information (6. Kondratieff: in Zukunft).

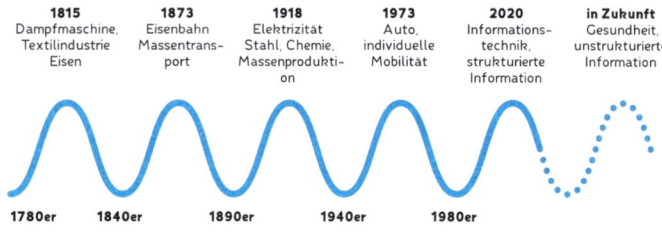

**Der nächste Strukturzyklus:
Produktiver Umgang mit Information**

1815	1873	1918	1973	2020	in Zukunft
Dampfmaschine, Textilindustrie Eisen	Eisenbahn Massentrans-port	Elektrizität Stahl, Chemie, Massenprodukti-on	Auto, individuelle Mobilität	Informations-technik, strukturierte Information	Gesundheit, unstrukturierte Information

1780er	1840er	1890er	1940er	1980er
1. Kondratieff	2. Kondratieff	3. Kondratieff	4. Kondratieff	5. Kondratieff	6. Kondratieff

Der Puls der Weltwirtschaft – die sechs langen Wellen von Kondratieff. Nach Vorlage und mit freundlicher Genehmigung von © Erik Händeler, »Die Geschichte der Zukunft«

Erkennen Sie etwas? Natürlich, wir sprechen auch hier wieder von *Intervallen*. Kondratieff verdanken wir heute die *»Theorie der langen Wellen«*, die uns die Strukturzyklen der Wirtschaft begreifen und besser vorhersagen lässt. Denn Wirtschaft ist nicht ein fremdartiges Gebilde, das außerhalb von uns existiert. Die Wirtschaft sind wir. Menschen. Und wenn die Schwankungen der Weltkonjunktur rhythmisch ablaufen und wenn unsere eigene Biologie auf Intervalle ausgelegt ist, dann scheint es hier einen immanenten Zusammenhang zu geben.

Derzeit müssten wir uns zu *Beginn des 6. Kondratieff-Zyklus'* befinden. Die spannende Frage ist, was die nächste Innovation sein wird, die auf uns zurollt. Wir fragen einen, der es wissen muss. Erik Händeler ist Zukunftsforscher und Kondratieff-Kenner. An einem Nachmittag verabreden wir uns zum Gespräch über die Zukunft. »Alle Themen, die jetzt knapp sind, sehe ich bei Humankapital«, sagt Händeler. »Der größte Engpass betrifft Bereiche, die mit Mangel an Gesundheit zu tun haben.« Darum, so der Volkswirt, sind zwei Aspekte wichtig: die Gesunderhaltung der Gesunden und der produktive Umgang mit Wissen. Jemand, der seelisch gesund ist, geht produktiver mit Wissen um. Die Überalterung der Gesellschaft führt zu einem Mangel an Arbeitskräften und einer hohen Rentenlast. Und deswegen wird das ganze Geheimnis sein, *weniger* und dafür *länger* zu arbeiten. Wir müssen eine Arbeitswelt schaffen, in der man gesund im Beruf alt werden kann, weil wir uns Frühverrentung nicht leisten können.«

Doch wie könnte diese neue Welt aussehen? Der Zukunftsforscher Erik Händeler ist der Meinung, dass der Knappheitsfaktor neben der Gesundheit eine mangelnde Zusammenarbeit zwischen den Menschen ist. Es bedarf einer *Kultur der Kooperation* und eines *gemeinschaftlichen Sozialverhaltens.* Da sind die Eckpfeiler für den Wohlstand der Zukunft. »Wir werden dafür aber lernen müssen, miteinander zu sprechen«, sagt er im Gespräch. »Wir können uns aus ökonomischer Sicht gar nicht mehr leisten, nicht mehr ordentlich miteinander zu kommunizieren.[1] *Sozialkompetenz* auf allen Ebenen wird so wichtig wie nie zuvor, wenn wir keine unnötigen Kosten und Reibungsverluste verursachen wollen, prognostiziert er. Das bedeutet aber auch, dass wir lernen müssen, »richtig miteinander zu streiten«. Darum ist Umdenken wichtig. Eine Wirtschaft, die auf ökonomischen Druck mit Veränderung reagiert. Eine Wirtschaft, die in die Gesundheit der Mitarbeiter investiert und sie wertschätzt. Eine Wirtschaft, die offene, transparente Strukturen schafft, wo jeder seine Argumente vorbringen kann. Nur solche Firmen werden produktiver sein und am Markt überleben.

Sie fragen, wann dies passiert? Wenn unsere Leidensfähigkeit ausgeschöpft ist. Ein Kondratieff-Zyklus dauert exakt

Ganzheitliche Gesundheit und Kooperation als Wirtschaftsmotor

so lange, wie wir brauchen, um neue Erfolgsmuster zu etablieren. Denken Sie zurück an die WHY-Lektion. Wenn man so will, dann dauert es eben fünfzig bis sechzig Jahre, bis die Menschheit als Ganzes einen kompletten BOSS-Zyklus durchlaufen hat: von der Selbstbeobachtung zur Optimierung über die Sinnfindung hin zu einer neuen Anpassung.

Und was passierte derweil mit Kondratieff? Der verlor für seine Untersuchungen sein Leben. Im kommunistischen Sowjetsystem glaubte man an die Planwirtschaft – nicht an den freien Markt. Am 17. September 1938 wurde Kondratieff im Zuge der »Stalin'schen Säuberungen« erschossen. Seine Theorie aber hat ihn überlebt.

Intervall-Life-Skill

Für eine neue Zukunft des Arbeitens und Lebens bedarf es neuer Kommunikations- und Streitkultur sowie sozialer Kompetenzen, die interpersonell sind und sich der universellen Ethik bedienen. Weg vom *Ich*, hin zum *Wir*. Nur wenn wir es schaffen, über unseren eigenen Vorteil hinaus zugunsten des Gemeinwohls zu denken, dann haben wir eine Basis für die Zukunft.

21. DIE CHRONOCITY

Wenn wir nun also über Gesundheit und Innovation nachdenken, dann müssen wir auch über *Bad Kissingen* sprechen. Der Kurort liegt südlich der Rheinberge und besticht durch die wunderschöne Naturumgebung und die prächtige Architektur. Rund 250 000 Kurgäste finden sich hier jedes Jahr ein. Um sich zu entspannen. Um abzuschalten. Und um ein wenig Abstand zu den Intervallen ihres Alltags zu bekommen. Das wissen auch die Bewohner des kleinen Städtchens. Vielleicht haben sie deshalb ein so besonderes Verhältnis zur Zeit.

In Bad Kissingen wurde 2013 ein bislang weltweit einmaliges Projekt gestartet – die ChronoCity. Die Entstehung einer Stadt, die nach der inneren Uhr der Menschen, die hier leben, tickt. Im Videochat treffen wir Michael Wieden, Buchautor, Berater und Experte für Chronobiologie (www.wieden.com, siehe auch Literaturverzeichnis). Wieden war der Initiator des Projekts. Das Konzept der ChronoCity war seine Idee und Vision. Im Rahmen einer Unternehmerrunde begeisterte Wieden den damaligen Bürgermeister von Bad Kissingen für das Thema »Chronobiologie«. Infolge wurde Wieden als externer Wirtschaftsförderer beauftragt. Als solcher hob er das Projekt »ChronoCity« im August 2013 aus der Taufe. Sein Ziel war es, den Menschen einen Gesamtrahmen zu bieten, ihr individuelles biologisches Schlaffenster optimal auszunutzen. Nur so würden sie überhaupt in eine natürliche Rhythmik kommen und von den positiven Effekten wie mehr Leistung und besserer Gesundheit zehren.

Wenn wir aber nach *unseren ganz eigenen Intervallen leben*, dann stoßen wir irgendwann auf Hindernisse. »Es sind teil-

Umfeld für ein Leben nach der inneren Uhr: die ChronoCity

weise banale Probleme«, sagt Wieden. »Wenn wir die Schule etwa zwei Stunden später beginnen lassen, um die natürliche biologische Schlaf-Wach-Rhythmik der Kinder nutzen zu können, dann müssen wir berücksichtigen, dass sich auch der Nahverkehr an den neuen Stoßzeiten ausrichtet. Wir müssen berücksichtigen, dass auch Eltern die Gelegenheit finden, ihren Alltag umzustellen.« Jede Änderung in einem bestehenden System hat eine ganze Kettenreaktion an Anschlussproblemen zur Folge. Also war der logische Gedanke, eine vernetzte Lösung zu finden: *die ChronoCity.*

In Bad Kissingen wurden kleinere Erfolge erzielt, aber große Aufmerksamkeit erreicht. Der große Durchbruch in der Umsetzung blieb jedoch aus. »Für Menschen ist es generell schwer, aus einem gewohnten System auszubrechen,« berichtet uns Wieden. »Und häufig ist es so, dass Dinge abgelehnt werden, selbst wenn es nachweislich zu einer Verbesserung der Situation führt! Nachdem dann ChronoCity aufgrund veränderter politischer Strukturen und der geplanten Aktivitäten zur Abschaffung der Sommerzeit zum Politikum wurde, hat Wieden schließlich die Reißleine gezogen und seine Tätigkeit Ende 2016 beendet. »Gras wächst nicht schneller, wenn man daran zieht! Veränderungen brauchen Zeit«, sagt Wieden heute nüchtern, aber zuversichtlich. Er selbst bezeichnet sich mittlerweile gar nicht mehr als Chronobiologen. »Ich würde das, was ich tue, eher als Rhythmus-Management beschreiben.«

Heute versucht er eher, Impulse zu setzen, und vertraut auf die Selbstentwicklung. Auch das hat er in Bad Kissingen gelernt. »Wir haben vielleicht die Chrono-City nicht verwirklicht, aber wir haben bei vielen Menschen einen Keim gesetzt.« Er habe beobachtet, wie viele Menschen, mit denen er gearbeitet hat, sich dann doch umgestellt haben. »Am Ende«, sagte Wieden, »geht es um das bestmögliche

Veränderung ist möglich, wenn wir uns mit unseren eigenen Intervallen und mit unserer Umgebung synchronisieren.

Zusammenspiel der Taktung unternehmensinterner Prozesse mit den natürlichen Rhythmen der Menschen.« Da müsse man auch akzeptieren, wenn vorerst kleinere Schritte nötig sind.

Und dennoch glaubt er immer noch an einen ganzheitlichen Ansatz. »Ich glaube noch immer daran, dass eine Zeit kommen wird, in der wir unser gesamtes System umstellen und an unseren natürlichen Rhythmen orientieren werden«, betont er. »Und das passiert entweder, wenn genügend Menschen eine positive Erfahrung mit einer natürlichen Lebensweise gesammelt haben oder wenn der Leidensdruck irgendwann zu hoch ist.«

Egal, was der tatsächliche Auslöser sein wird, mittlerweile scheint es denkbar, dass sie bald entstehen wird. Die Intervall-City …

Intervall-Life-Skill

Es wird ganz deutlich – Veränderung ist nur möglich, wenn wir uns nicht nur mit unseren eigenen Intervallen synchronisieren. Sondern auch mit unserer Umgebung. Wenn wir beginnen zu kooperieren. Der Gedanke der Kooperation ist aber kein neuer Gedanke. Er hält bereits seit einigen Jahren Einzug in die Wirtschaftswissenschaften.

22. KOOPERATION
STATT KONFRONTATION

Warum Kooperation wichtig ist

Im Jahr 2009 hatte Elinor Ostrom (1933–2012) es geschafft: Die zu diesem Zeitpunkt 76-jährige US-Professorin für Politikwissenschaften bekam als erste Frau in der Geschichte den Nobelpreis für Wirtschaftswissenschaften verliehen. Ostrom forschte zu *Allmendegütern*. Darunter versteht man Ressourcen auf Weiden, in Wäldern oder in Teichen, die für alle Menschen gleichermaßen zugänglich sind, aber genau deshalb eine scharfe Konkurrenzsituation auslösen.

Beispiel: Stellen Sie sich ein öffentliches Gewässer vor, in dem es viele Fische gibt. An beiden Seiten des Gewässers wurde jeweils ein großes Dorf gebaut. Die Gefahr besteht nun, dass die Einwohner beider Dörfer ihre Boote schicken und die Fischbestände wegfischen werden. Das geht vielleicht ein paar Jahre gut, könnte man denken. Aber irgendwann, so die Gefahr, sind alle Fische weg. Und beide Dörfer gehen leer aus. Was wäre die Alternative? Kooperation. Würden beide Dörfer jeweils einfach auf die Hälfte ihrer Fischereierträge verzichten, könnte man sichergehen, dass sich die Fischbestände erholen könnten und die Versorgung beider Dörfer über Jahre hinweg gewährleistet wäre. Doch sind die Menschen wirklich bereit, einen solchen Plan aufzustellen? Zunächst einmal hätten ja beide Dörfer weniger Fisch für sich übrig.

Sicher haben Sie schon einmal von der *Spieltheorie* gehört. Diese mathematische Methode hat bereits seit einigen Jahrzehnten Einzug in die Wirtschafts- und Sozialwissenschaften gehalten. Für spieltheoretische Arbeiten wurde bisher acht (!)

Mal der Wirtschaftsnobelpreis vergeben, was die große Bedeutung der Spieltheorie verdeutlicht. Der Gedanke ist ganz einfach: Wenn Menschen miteinander spielen, dann ist es ihr primäres Ziel, dieses Spiel zu gewinnen. Und wie gewinnt man? Indem man versucht, schlauer als die anderen Spieler zu sein. Die Spieltheorie versteht nun die ganze Welt als eine Art Spielfläche. Und untersucht, was dabei herauskommt, wenn der Mensch nicht nur auf dem Schachbrett, sondern auch in der realen Welt versucht, schlauer als seine Mitspieler zu sein. Wenn man also die Verhaltensweisen von Menschen in einem bestimmten Kontext beobachtet, lässt sich daraus so einiges Interessantes ableiten. Die Bewohner der beiden Dörfer könnte man also durchaus als Spieler betrachten, die jeweils ein Interesse daran haben, sich einen Vorteil zu sichern. Aber bevor wir zurück zu den Fischerbooten kommen, bleiben wir doch kurz noch bei der Spieltheorie.

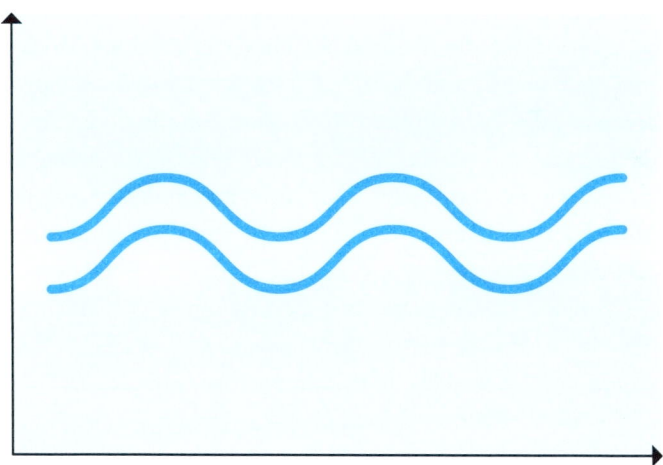

Das Intervall bei Kooperationen: Die individuellen Intervalle jedes einzelnen Kooperationspartners synchronisieren sich und laufen parallel nebeneinander, zumindest für die Zeit der Kooperation

Das Gefangenendilemma

Eines der berühmtesten Spiele, das von Mathematikern entworfen wurde, ist das sogenannte *Gefangenendilemma*. Und das geht so: Stellen Sie sich vor, es gibt zwei Männer, die von der Polizei verhaftet wurden, weil sie in ein Museum eingebrochen sind und ein Kunstwerk gestohlen haben. Das Kunstwerk ist auf mysteriöse Art und Weise verschwunden, dennoch konnte man den beiden Männern, nennen wir sie Peter und Paul, nachweisen, dass sie in das Museum eingebrochen sind. Die Polizei hat sie verhaftet und verhört die beiden nun einzeln. Während des Verhörs können sie also nicht miteinander kommunizieren.

Als ihnen der Kommissar gegenübersitzt, macht er sowohl Peter als auch Paul ein Angebot. Wenn beide das Verbrechen *leugnen*, erhalten beide eine niedrige Strafe. Man könne ihnen nämlich nicht nachweisen, das Bild entwendet zu haben. Nur der Einbruch in das Museum und somit Hausfriedensbruch ist eindeutig belegbar. Wenn beide ihre Tat *gestehen*, erhalten sie dafür eine hohe Strafe. Da sie dann aber guten Willen gezeigt und ein Geständnis ihrer Tat abgelegt hätten, bekämen sie nicht die Höchststrafe. *Gesteht jedoch nur einer* der beiden Gefangenen, geht dieser als *Kronzeuge* straffrei aus, während der andere als überführter, aber nicht geständiger Täter die Höchststrafe bekommt.

Peter \ Paul	Gestehen oder Verraten	Leugnen oder Schweigen
Gestehen oder Verraten	–6 / –6	0 / –10
Leugnen oder Schweigen	–10 / 0	–2 / –2

Das Gefangenendilemma aus der Spieltheorie ist ein Paradigma unserer Kooperationen.

Die besondere Herausforderung besteht darin, dass sich nun Peter und Paul entscheiden müssen, ihre Tat entweder zu leugnen oder zu gestehen, ohne zu wissen, was der andere tun wird. Wenn sie beide die Tat leugnen oder schweigen, dann kooperieren sie. Wenn nur einer von ihnen gesteht oder den anderen verrät, hat er den Jackpot gezogen und kommt frei, der andere aber bekommt eine extrem lange Haftstrafe. Er geht jedoch das Risiko ein, dass auch sein Komplize ein Geständnis ablegen könnte und beide somit eine recht lange Haftstrafe erwartet.

Die beiden werden nun natürlich alle Möglichkeiten in ihrem Kopf durchspielen und versuchen, schlauer als der andere zu agieren. Der Egoismus und damit die dominante Strategie, das bestmögliche Ergebnis zu erzielen, könnte zu dem schlimmstmöglichen Ergebnis führen. Oder anders gesagt: Rationale Entscheidungen von Einzelnen führen zu irrationalen Ergebnissen für die Gemeinschaft. Darin liegt das *Dilemma*. Der gemeinsame Wille zur Kooperation hingegen würde für beide ein akzeptables Ergebnis zur Folge haben. Es ist ähnlich wie bei den Fischen. Auch hier steht unter dem Strich: *Kooperation zahlt sich aus!*

Doch funktioniert das? Viele Ökonomen würden hier den Kopf schütteln. Der Mensch ist zu egoistisch, um das Problem zu lösen. Er ist zu sehr auf seinen eigenen Vorteil bedacht. Ökonomen entwickelten eine Theorie der Marktwirtschaft, die im Kern darauf fußte, dass der Mensch als »Homo oeconomicus« nur seinen egoistischen Interessen folgt und ansonsten rational entscheidet. Kooperation hat da kaum Platz. Was also tun? Ist der Mensch in der Lage, sich aus dem Gefangenendilemma zu befreien? Kann er seinen Egoismus überwinden und einen Gemeinsinn entwickeln, der notwendig wäre, um im System das beste Resultat zu erzielen?

> Rationale Entscheidungen von Einzelnen können zu irrationalen Ergebnissen für die Gemeinschaft führen.

Ja. Wenn er lernt zu vertrauen. Und vielleicht sollte man auch mal wieder auf die Wurzeln der Wirtschaftswissenschaften schauen.

Gerade der Urvater der Ökonomie Adam Smith (1723–1790) hat den Menschen sehr viel mehr Vertrauen entgegengebracht. Seine Botschaft ist eindeutig: Fürchtet euch nicht, lasst den Menschen die Freiheit! Markt und Wettbewerb sorgen dafür, dass für die Gemeinschaft das beste Resultat erzielt wird. Die »unsichtbare Hand« des Marktes regelt die Probleme schon.

Und genauso sah das auch Elinor Ostrom. Die Politikwissenschaftlerin bereiste die ganze Welt und sammelte Beispiele für die erfolgreiche Organisation von *Allmenden*. Es waren ziemlich viele Beispiele, die sie zusammentrug. Sie entdeckte, dass sich Menschen selbstorganisiert funktionierende Systeme schufen. Innerhalb dieser Systeme entwickelte sich ein Gemeinsinn, mit dem man es schaffte, das Gefangenendilemma zu überwinden. Mehr noch: In vielen Fällen – ob bei der Wasserregulierung, bei der Aufrechterhaltung der öffentlichen Ordnung oder bei der Organisation der Hummerfischerei, ob in den USA, auf den Philippinen, in der Schweiz oder Japan – zeigten sich die lokal vernetzten Gemeinschaften den zentral organisierten Institutionen und Lösungen, die allein auf Privatisierung fußen, überlegen. Neben der Kooperation war der Begriff des *Vertrauens* zentral. Aber Vertrauen ist etwas, was nicht von heute auf morgen entsteht. Vertrauen muss erarbeitet werden. Es muss wachsen. Es sind viele kleine Gesten, die in Summe erst eine echte Vertrauensbasis schaffen. Und wenn die nicht stimmen, dann stimmt auch das Vertrauen nicht.

Es ist wie mit der Liebe. Denken Sie an Ihren Partner. Können Sie sich an den genauen Tag erinnern, an dem Sie angefangen haben, ihn oder sie zu lieben? Wahrscheinlich

Vertrauen muss wachsen und braucht Regeln.

nicht. Oder denken Sie an den Bodybuilder, der jeden Tag ins Fitnessstudio geht. Ob er wohl den genauen Tag ausmachen konnte, an dem sein Bizeps den perfekten Umfang hatte? Natürlich nicht. Seine Figur hat sich Tag für Tag und Schritt für Schritt verändert. Zum Positiven respektive zum erwünschten Ergebnis.

Gleichzeitig würde die Wissenschaftlerin Ostrom etwaigen Sozialromantikern, die glauben, man müsste den Mitarbeitern nur die Verantwortung übertragen und schon werde alles gut, energisch entgegentreten. Eine funktionierende Zusammenarbeit, so lernt man aus ihren Arbeiten, muss immer wieder neu ausgehandelt werden. Es braucht Regeln, Transparenz und gegebenenfalls auch Sanktionsmechanismen, um das erforderliche Vertrauen herzustellen.

Tierische Kooperationen

Auch in der Natur gibt es übrigens zahlreiche Beispiele für gelungene Kooperationen, und zwar artenübergreifend, wie Michael Hübler in seinem Buch *Die Bienen-Strategie und andere tierische Prinzipien*[2] zeigt, zum Beispiel die Kooperation zwischen Wölfen und Raben. Raben ernähren sich von Aas. Sie haben besonders scharfe Augen, mit denen sie sehr gut Hirschkadaver in der Natur entdecken können. Gute Augen ersetzen aber keine scharfen Zähne, und die Raben haben lediglich spitze Schnäbel, sodass sie nicht mehr als die Augen der toten Tiere herauspicken können. An die leckeren Innereien kommen sie nicht dran. Was also tun? Wie wäre es damit, um Hilfe zu bitten? Genau das tun die Raben. Sie setzen sich auf ihre Beute und fangen an zu kreischen. Das lockt die Wölfe an, die zwar schlechte Augen, aber gute Ohren haben. Die Wölfe fangen dann an, die Kadaver zu

Kooperation schafft Win-Win-Situationen.

zerreißen und zu zerlegen, und lassen für die kleinen Rabenmägen noch genug übrig, sodass alle satt werden. Eine *Win-Win-Kooperation* sozusagen.

Ein weiteres Beispiel ist die Kooperation zwischen Mensch und Vogel. In Afrika lebt der *Honiganzeiger-Vogel.* Und sein Name ist Programm. Er zeigt Menschen, wo der Honig ist. Er führt sie auf direktem Wege zu gut versteckten Bienenstöcken. Der Jäger räuchert nun die Bienen aus, stibitzt den Honig und lässt dem Vogel als eine Art Dankeschön (und weil er selbst nichts damit anfangen kann) die Waben übrig. Der Vogel verspeist das Wachs daraus, das in seinem Magen wiederum von Bakterien zu Energie umgewandelt wird. Der Honiganzeiger hat neben dem Menschen aber auch noch andere Kooperationspartner wie etwa den Honigdachs. Das Prinzip ist das Gleiche: Konzentrier dich auf deine Stärken, und bring deine Kompetenzen in der Zusammenarbeit ein.

Tierische Kooperation gibt es übrigens auch in Zeiten der Krise. Corona lässt grüßen! Ameisen haben so etwas wie einen »inneren Pandemieplan«. Wenn eine Infektionskrankheit droht, dann minimieren sie automatisch ihre sozialen Kontakte und organisieren die Kooperation im Ameisenstaat neu. Es gibt aber keinen vollständigen Shutdown: Die Arbeiten der Ameisen gehen weiter. Nur die Kontakte untereinander werden reduziert.

Wir sehen – egal, ob in der Natur oder in der Wirtschaft –: Wir brauchen Verbündete, Mitstreiter und Wegbegleiter, um *gemeinsam* voranzukommen. Wundern Sie sich nicht, dass wir immer und immer wieder auf die Natur schauen. Aber wir sind überzeugt davon, in der Beobachtung der Natur auch die Lösung unserer Probleme zu finden. So wie die natürlichen Intervalle Teil unserer Natur sind, können wir aus ihr auch viel über unser ideales Wirtschaftssystem erfahren. Wir müssen nur lernen hinzuschauen.

Das unendliche Spiel

Kooperation ist ein Schlüsselfaktor für den Wandel. Aber über dieses Tool hinaus brauchen wir auch ein ganz neues Mindset. Und damit kommen wir noch einmal zurück zu dem uns schon bekannten Sinnfinder Simon Sinek. In seinem Buch *Das unendliche Spiel* stellt er eine spannende Theorie auf.[3] Er setzt sich darin auseinander mit zwei Arten von Spielen, endlichen und unendlichen Spielen:

- **Endliche Spiele kennen wir alle:** Ob es sich nun um Brettspiele wie Monopoly, Schach oder Mühle, ob es sich um Sportspiele wie Fußball, Rugby oder Turmspringen handelt, sie alle eint, dass sie begrenzt sind. Dass es einen Rahmen gibt. Regeln. Ein klar definiertes Spielfeld. Und: einen Gewinner und einen Verlierer.
- **Bei unendlichen Spielen ist das anders:** Unendliche Spiele haben kein Ende. Sie haben keine klar definierten Regeln. Sie haben nicht mal klare Spielfiguren, die man irgendeinem Spieler zuordnen kann. *Unser ganzes Leben ist ein unendliches Spiel.* Die Politik. Die Wirtschaft. Und unsere Arbeitswelt ist auch eins.

Neu ist der Gedanke nicht. Dass das ganze Leben bloß ein großes Spiel wäre, haben Sie sicherlich schon oft gehört. Sinek stellt jetzt aber fest, dass es eben einen fundamentalen Unterschied zwischen endlichen und unendlichen Spielen gibt. *Im unendlichen Spiel kann man nicht gewinnen.* Man kann mal gewinnen.

> *Unendliche Spiele haben kein Ende. Man kann sie nicht gewinnen.*

Aber das Spiel geht ja weiter. Es endet nicht. Es geht weiter und weiter und weiter. Und irgendwann ist der, der einmal vorn war, wieder hinten. Es geht beim unendlichen Spiel um ein fortwährendes Wachstum. Manchmal sogar über Generationen hinaus. Es geht darum, etwas weiterzugeben. Sinek sagt, dass die meisten Businessmenschen das Spiel des Lebens so spielen, als wäre es ein endliches Spiel. Aber das ist es nicht. Unternehmen und Unternehmer in endlichen Spielen fokussieren sich auf das Produkt, auf sich selbst, auf Wachstum oder darauf, der Beste zu sein.

Begreift man *das ganze Leben aber als ein unendliches Spiel*, wird die uns schon bekannte WHY-Frage erneut gestellt. Und noch etwas geschieht: Der Unternehmer erkennt, dass er eine Verantwortung für seine Mitarbeiter hat. Dass er mit seinem Unternehmen auch eine Identität anbieten muss: Der Mensch möchte das Gefühl haben, gesehen zu werden. Teil von etwas zu sein, das größer ist als er selbst, das unsere Existenz übersteigt. Wenn Unternehmen wie *SAP* verstehen, dass dafür der Mensch, der Mitarbeiter in den Vordergrund gerückt wird, dann ist der erste Schritt getan, unsere Arbeitswelt völlig umzukrempeln.

Wenn Unternehmen das ganze Leben als ein unendliches Spiel verstehen, ist der erste Schritt getan.

23. TIME TO CHANGE

Moderne Organisationsformen

Um einen grundlegenden Wandel zu erreichen, der den Menschen in den Mittelpunkt stellt, muss sich allerdings nicht bloß die Arbeit selbst verändern, sondern auch die Organisation von Arbeit – die *Unternehmenskultur*. Es muss also gelingen, die individuellen Intervalle jedes Einzelnen mit den äußeren Intervallen von Organisationen, in denen Menschen zusammentreffen, zu synchronisieren.

In seinem Buch *Reinventing Organizations* hält Unternehmensberater Frederic Laloux fest, dass viele Menschen den Eindruck hätten, die heutige Organisationsführung stoße an ihre natürlichen Grenzen. »Das Leben in Organisationen erfahren wir zunehmend als desillusionierend. Für die Menschen, die am Boden der Pyramide arbeiten, besagen Umfragen übereinstimmend, dass die Arbeit meist als notwendiges Übel und ständige Anstrengung gesehen wird und wenig mit Begeisterung oder Sinn zu tun hat«, schreibt er.[4] Das gilt aber nicht bloß für Mitarbeiter, sondern auch für Führungskräfte. Laloux hat nun ein gutes Stück weit Ahnenforschung betrieben und einen historischen Rückblick auf die Entwicklung von Unternehmensorganisationen geworfen. Was ihm dabei auffiel? Im Laufe der Geschichte hat der Mensch immer neue Organisationsformen erfunden – und sie dabei der zur jeweiligen Zeit vorherrschenden Weltsicht angepasst. Immer wenn sich unsere Sicht auf die Welt verändert hat, hat sich auch die Form der Organisationsführung verändert:

• Zunächst gab es die *tribale impulsive Organisation*. Sie war noch vom Stammesdenken geprägt. Wer das Oberhaupt war, gab die Befehle, alle anderen mussten sich unterordnen.

- Abgelöst wurde sie von den *traditionell-konformistischen Organisationen.* Statt eines Oberhaupts, das Befehle an alle gegeben hat, wurden nun allen Mitgliedern einer Organisation formale Rollen zugeordnet. Die Arbeit wurde in verschiedene Prozesse aufgeteilt.
- In der *modernen, leistungsorientierten Organisation* schließlich ging es klar um die erbrachte Leistung. Das Ziel und der Antrieb war es, besser als die Konkurrenz zu sein, möglichst hohe Profite zu erwirtschaften und zu expandieren. Es gab weiterhin eine Kontrolle von oben, aber die schaute mehr auf das Erreichen der Zielvorgabe, während sie bei der Umsetzung den Mitarbeitern eine gewisse Freiheit ließ.
- Gegenwärtig etablieren sich die *postmodernen, pluralistischen Organisationen,* die durch ihren Fokus auf die Unternehmenskultur und das Empowerment innerhalb der klassischen Pyramidenstruktur gekennzeichnet sind. Es gibt bereits Unternehmen, die hart daran arbeiten, den Menschen wieder in den Mittelpunkt zu stellen.

Unternehmenskultur im Wandel

Der Kerngedanke einer neuen, modernen Unternehmenskultur ist also der Gedanke, den *Menschen in den Mittelpunkt* zu stellen. Dabei sind oftmals schon kleine Veränderungen hilfreich. Vor einiger Zeit erhielt ein guter Freund von uns einen Brief von seinem Unternehmen. Er arbeitete dort schon seit vielen Jahren. Er wusste, dass es der Firma nicht sonderlich gut ging, und insofern war der Inhalt des Schreibens für ihn keine große Überraschung. Er wurde gefeuert. Was ihn allerdings tief verletzte, war der Zeitpunkt, an dem er seine Kündigung erhielt: Es war sein fünfzigster Geburtstag. Das nagt noch heute an ihm. Hätte man sich in der Personalabteilung die Mühe gemacht, einmal in seine Personalmappe zu schauen, dann wäre das aufgefallen. Dann hätte man sich überlegen können, die Kündigung vielleicht eine Woche später abzuschicken. So blieb eine tiefe Verletzung bei einem jahrelang loyalen Mitarbeiter zurück. Das Schlüsselwort hier ist: *Wertschätzung.*

Wenn Mitarbeiter nicht das Gefühl haben, dass sie für ihre Arbeit wertgeschätzt werden, sind sie weniger motiviert. Sie schieben Frust und sind lustlos. Das ist nicht nur ungesund für den Arbeitnehmer, sondern auch schlecht für das Unternehmen. Mitarbeiter, die glücklich und zufrieden mit ihrem Job sind, übernehmen mehr Verantwortung und leisten bessere Arbeit. Es gibt eine Studie des Forschungsinstituts *Gallup,* die das Problem bestätigt.[5] Nur 13 Prozent der befragten Arbeitnehmer fühlen sich in ihrem Job demnach genügend motiviert. Dabei gibt es viele Möglichkeiten, seinen Mitarbeitern in Form von kleinen Gesten Wertschätzung zu zeigen. Etwa in sie zu investieren. In Workshops können sie eine berufliche und persönliche Weiterentwicklung forcieren, von der am Ende des Tages auch das Unternehmen selbst profitiert. Wenn ein Unternehmen weiterhin dafür sorgt, dass sich Mitarbeiter wie zu Hause fühlen, indem man ihnen etwa Getränke und Obst zur Verfügung stellt, Massagen, Fitnesskurse oder sonstige Entfaltungsmöglichkeiten im Rahmen des Büros anbietet, dann werden sie gern freiwillig mehr Zeit an ihrem Arbeitsplatz verbringen.

Wertschätzung ist der Key-Faktor einer Unternehmenskultur.

Das Wichtigste aber ist es, den Mitarbeitern zu zeigen, *dass sie gesehen werden.* Das ist der Schlüssel zu innerer Zufriedenheit, weiß auch die Startherapeutin Marisa Peer aus ihrer jahrzehntelangen Arbeit.[6] Jeder Mensch kennt das Gefühl von Unsicherheit. Jeder Mensch kennt das Gefühl, den Ansprüchen an seine Umwelt nicht zu genü-

Mitarbeiter wollen gesehen werden.

gen. Egal, ob Arbeitssuchender, Topmanager oder Superstar. Selbstzweifel ist eine zutiefst menschliche Eigenschaft. Und einer der Hauptgründe dafür ist die Angst, nicht gesehen, nicht wahrgenommen zu werden.

Marisa Peer spricht von den vier Koordinaten, die den innersten Wunsch eines jeden Menschen ausdrücken: *Ich. Will. Gesehen. Werden.* Wenn Unternehmen es schaffen, ihren Mitarbeitern zu zeigen, dass sie einen Wert für sie haben, dann ist es den Arbeitnehmern auch wert, für ihr Unternehmen etwas zu leisten. Eine kleine E-Mail zum Geburtstag reicht da oftmals schon aus. Oder einfach mal achtsam zuzuhören, wenn der Kollege oder der Mitarbeiter signalisiert, dass er ein Problem hat. Das Menschliche ist hier von zentraler Bedeutung. Oder, wie es in einem alten tschechischen Sprichwort heißt: »Einen guten Baum erkennst du an seinen Früchten, den Menschen an seinem Handeln.«

Man lerne von den Bienen

Auch hier zeigt sich, dass die Ansätze einer guten Unternehmensführung in der Natur vorgegeben sind. Eine moderne Organisation könnte sich ein Beispiel an einem *Bienenstock* nehmen. An einem Bienenstock? Ja, denn ein Bienenstock ist eine hochkomplexe soziale Organisation, die hervorragend funktioniert. Und es gibt viel, was ein Unternehmen von unseren gelb geflügelten Freunden lernen kann, wie auch der Führungscoach Michael Hübler in seinem bereits genannten Buch *Die Bienen-Strategie und andere tierische Prinzipien* eindrucksvoll belegt. In einem Bienenstock gibt es eine Königin. Ihre primäre Aufgabe ist es, für Nachwuchs zu sorgen. Einzelne Arbeitsaufgaben werden unter den anderen Bienen aufgeteilt.

An der Königin können sich moderne Teamleiter orientieren. Denn auch der Teamleiter eines schwarmintelligenten

Teams, ähnlich wie die Bienenkönigin, sollte sich nur im Einzelfall bemühen, selbst zu tief in das Tagesgeschäft einzusteigen. Stattdessen wäre es auch seine primäre Aufgabe, das Team am Laufen zu halten, indem er neue fähige Mitglieder rekrutiert und die bestehenden Mitarbeiter in das Teamgeflecht einbindet.

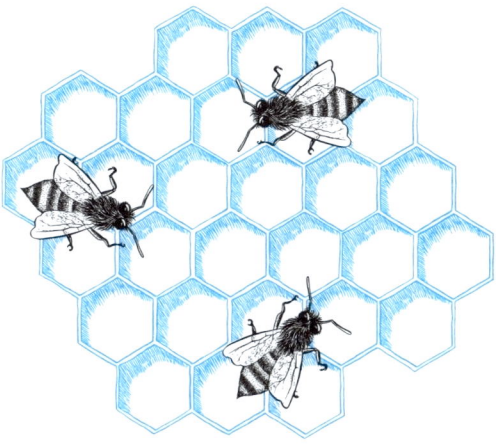

Unternehmen können sich ein Beispiel an der natürlichen Organisation der Bienen nehmen

Die Bienen brauchen die ständige Präsenz ihrer Königin. Wenn sie älter wird und weniger Eier legt, dann lässt auch ihr Pheromonduft nach. Die Pheromone sorgen für die Stabilität des Bienenstocks. Das sind Botenstoffe zur Informationsübertragung, die den anderen Bienen eigentlich signalisieren, dass alles in Ordnung ist, dass gerade Eier gelegt werden und die Zukunft der Bienenfamilie gesichert ist. Wenn der Pheromonduft ausbleibt, werden die Bienen nervös. Sie planen sozusagen einen Putsch, züchten eine neue Königin heran und setzen ihre alte ab.

Auch hier gibt es eine klare Übertragung auf ein Unternehmen. Ein Teamleiter, der nicht präsent ist (er muss dabei glücklicherweise keine Pheromone ausschütten), verliert irgendwann den Respekt seiner Mitarbeiter. Die Herausforderung für einen echten New-Work-Chef ist es also, stetig präsent zu sein, ohne wirklich einzugreifen. Hübler nennt das *Management by Smelling* (statt *Management by Walking Around* [MBWA]): »Präsenz, Zurückhaltung und ein beherztes Eingreifen im Notfall sind die Tugenden der Zukunft«, hält er fest.[7]

Wiederum zeigt sich: Die Natur hat uns bereits alle notwendigen Strategien vorgegeben. Wir fahren gut damit, sie zu analysieren und anzuwenden. So wie wir das bei der BOSS-Methode getan haben.

Best Practice: *Microsoft* – Vertrauenszeit und –ort

Es gibt Tage, so berichtet Magdalena Rogl, an denen sie auch einmal ihren Laptop anschreit. Das sind Tage, an denen nicht alles so rund läuft, wie es eigentlich laufen sollte. Als sie uns diese Geschichte erzählt, sind wir für einen kurzen Moment tatsächlich etwas verwirrt. Denn die reflektierte junge Frau, die sich erst vor wenigen Minuten in unseren Zoom-Call hereingeschaltet hat, macht einen völlig entspannten Eindruck auf uns. Und das, obwohl sie gerade viel gefragt ist. Die *Microsoft*-Managerin und »Head of Digital Channels« ist ein beliebter Gast auf Panels, in Talkrunden und Podcasts. Kein Wunder. Kaum jemand verkörpert so sehr das Herz von New Work wie Magdalena Rogl. Für die Sache mit dem Laptop hat sie dann auch gleich die passende Erklärung parat. »Ich finde es wichtig, dass man auf der Arbeit Emotionen zeigt«, sagt sie. »Wir sind Menschen und keine

Maschinen. Und bevor sich die Wut den Tag über anstaut, lasse ich sie lieber an meinem Laptop aus.«

»Achtsamkeit« und »Mitarbeiterführung« sind die Kernthemen von Rogl. Wie kaum eine andere Managerin wirbt sie dafür, die Bedürfnisse der Kollegen im Blick zu haben. Nur so, sagt sie, kann ein Miteinander in einem Unternehmen opti-mal funktionieren. Doch was heißt das eigentlich, seine Mitarbeiter im Blick zu haben? Rogl macht es konkret. Es gebe einfach einige Fakto-ren, auf die man achten sollte, wenn man mit anderen Men-schen zusammenarbeitet. »Wenn zum Beispiel ein Gespräch mit einem Kollegen ansteht, das für ihn unangenehm sein könnte, dann achte ich ganz genau darauf, wie es um den Timetable des entsprechenden Kollegen bestellt ist.« Hat er vielleicht im Anschluss noch einen wichtigen Termin? Ein Te-lefonat? Oder sonst ein Meeting, das von Bedeutung ist? »Wenn ja, dann sollte man auf das unangenehme Gespräch verzichten. Und es auf einen anderen Zeitpunkt verlegen. Das hat etwas mit Fingerspitzengefühl zu tun.«

»Achtsamkeit« und »Mitarbeiterführung« als Kernthemen

»Fingerspitzengefühl« ist ein Schlagwort. »Man muss im-mer nach den Gründen fragen, warum jemand gerade ist, wie er ist«, sagt Rogl. Manchmal seien es Banalitäten. Vielleicht kam der vermeintlich schlecht gelaunte Kollege gerade aus dem Ausland zurück, hatte einen langen Flug hinter sich, ist lange auf den Beinen und hatte noch nichts gefrühstückt? »Auch muss man berücksichtigen, ob Kollegen in ihrem Pri-vatleben nicht vielleicht Sorgen haben, die sie bei der Arbeit beeinträchtigen«, erläutert Rogl weiter. Wie sie schon sagte, wir sind Menschen und keine Maschinen.

»Darum finde ich es auch richtig, dass man mal Schwäche zeigen darf. Wenn jemand nicht mehr kann, dann kann er nicht mehr. Das kommt vor. Und es ist doch für alle fairer, wenn man einfach offen darüber spricht.«

Ob das nicht aber vielleicht auch für Mitarbeiter eine Gelegenheit sein könnte, die so entstandene Nähe zum Vorgesetzten auszunutzen? »Gar nicht. Das ist noch nie passiert«, sagt Rogl. »Wenn mein Team mich so gut kennt, dass es weiß, wann ich vielleicht einmal private Probleme habe, und wenn ich das eben auch über meine Kollegen weiß, dann schweißt das so sehr zusammen, dass man sich füreinander verantwortlich fühlt.« Genau das sei es, was ein perfektes Team doch ausmache. Und entsprechend gibt es bei *Microsoft* nicht bloß eine *Vertrauensarbeitszeit*, so wie wir es schon bei *SAP* kennengelernt haben – sondern auch einen *Vertrauensort*. Von wo gearbeitet wird, spielt keine Rolle. »Das größte Potenzial einer Firma sind ihre Mitarbeiter. Die Menschen«, schließt Rogl. Und beendet damit ihr flammendes Plädoyer für mehr Menschlichkeit in einem Unternehmen.

Sie legt uns noch zwei Grafiken ans Herz, die bei *Microsoft* zusammen mit den Wissenschaftlern entwickelt wurden: die *Work-Life-Flow-Grafiken*. Staunen Sie bitte selbst.

Menschen nutzen ihre Zeit, indem sie mehrere Aufgaben und abwechslungsreiche Aktivitäten im Tagesverlauf verrichten, sei es als Muss oder Passion. Schaut man genauer hin, was die Mitarbeiter wirklich mit ihrer Zeit anstellen, stellt man fest: Aus Aufgaben werden Momente, die Menschen erleben und die in Wirklichkeit in ständigem Wechsel nacheinander ablaufen. Sie teilen ihre Aufgaben in Teilaufgaben ein. Kurzum: So verwundert es nicht, dass wir während der Arbeit auch mal auf Social Media vorbeischauen, den Arzttermin vor 12.00 Uhr vereinbaren oder die Blumen zum Geburtstag der Mutter bestellen. Das Leben und die Arbeit sind im permanenten Flow, und die Vermischung (Blending) sorgt für eine gesunde Abwechslung, die unser Gehirn und mentalen Kapazitäten fit hält.

Das Leben und die Arbeit sind im permanenten Flow.

a) Wie Menschen ihre Zeit nutzen.

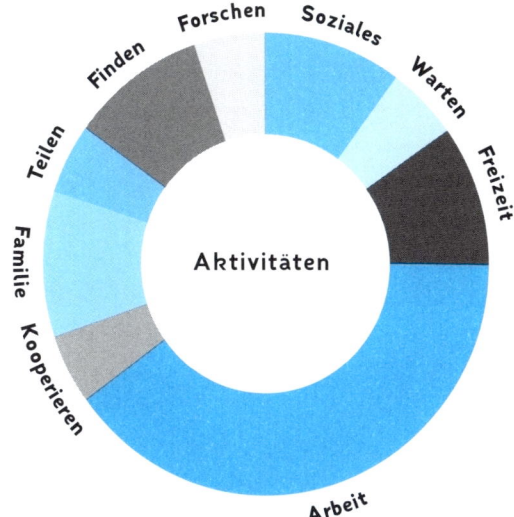

b) Wie Menschen wirklich ihre Zeit nutzen.

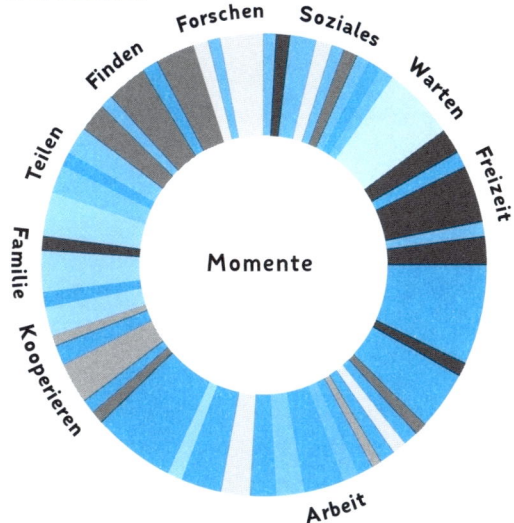

Die Work-Life-Flow-Grafiken von *Microsoft*

Die Bedeutung der Künstlichen Intelligenz für den Wandel

Der technologische Fortschritt spielt uns beim Wandel der Arbeitswelt in die Hände. So ist etwa die Entwicklung von *Künstlicher Intelligenz* (KI) kein Grund, Angst um seinen Job zu haben. Ganz im Gegenteil, KI ist für uns hilfreich und willkommen. Zumindest in Teilen hat die Politik das bereits erkannt. Auf dem Hightech-Summit-Gipfel in Bayern im Februar 2020 kündigte der bayerische Ministerpräsident Markus Söder an, zwei Milliarden Euro für eine neue »Hightech-Agenda« bereitzustellen. Davon 600 Millionen Euro für KI. »KI ist wahrscheinlich die Schlüsselfrage, in der über die zukünftige Wettbewerbsordnung entschieden wird«, sagte er. »Nicht dabei zu sein, behaupte ich, ist der schwerste strategische Fehler, den man machen kann.« Und dann sagt er noch etwas anderes. Etwas Erstaunliches. »KI ist ein Beitrag zur Humanität, nicht nur eine ökonomische Komponente.«[8]

Er hat recht. Denn die Entwicklung der künstlichen Intelligenz ist ein Freund und kein Feind der New Work. Durch sie wird es uns möglich sein, uns auf die Dinge zu konzentrieren, die wir »wirklich, wirklich« machen wollen, statt Arbeiten verrichten zu müssen, die uns gar nicht erfüllen können.

Künstliche Intelligenz ist ein Freund der New Work.

»Maschinen sind dafür da, die Menschen zu entlasten«, erzählt uns auch Cawa Younosi von *SAP.* »Bei uns übernehmen sie die repetitiven Aufgaben, damit unsere Mitarbeiter das machen können, was sie am besten und am liebsten machen. Nämlich kreative und intellektuelle Arbeit statt Routinearbeiten.« Die Jobs, die künftig nicht mehr existieren werden, sind genau diese repetitiven Arbeiten, die gemacht werden müssen, aber auf die eigentlich niemand so wirklich Lust hat. Die KI ist so gesehen unser futuristisches Werkzeug, durch das wir

Prozesse automatisieren können, um somit als kreative Wesen mehr Raum und Zeit für kreative Lösungen zu gewinnen.

Künstliche Intelligenz selbst ist nicht kreativ. Sie kann nichts Neues erfinden, sie kann nur Korrelationen bilden. Der menschliche Geist ist niemals durch KI zu ersetzen, weil er viele Sinneseindrücke zu einem Lösungsweg kombinieren kann, was eine KI nicht schafft. In einem Interview mit dem KI-Forscher Philip Häusser wird aber noch etwas anderes deutlich: Die KI kann uns auch helfen, durch technische Errungenschaften unsere Intervalle besser zu leben. Es gibt bereits jetzt Techniken, die unser Biofeedback messen und es individuell für jeden einzelnen Menschen anpassen. Die Möglichkeiten, die sich bieten, sind nahezu unbegrenzt. Und sie werden uns helfen, noch besser im Einklang mit unserer Biologie zu leben. Also: Schauen wir optimistisch in die Zukunft!

Best Practice: *Citrix* – der Mensch im Mittelpunkt

Der Tag, an dem Christian Reilly seiner Mutter ein kleines Geschenk mit nach Hause brachte, war der Tag, an dem er ihr Weltbild veränderte.

»Was ist das?«, fragte sie ihn, als sie das Paket auspackte und einen kleinen *Alexa*-Echo-Dot in der Hand hielt.

»Das ist ein Computer.«

»Ein Computer? Und wo ist der Rest?«

»Es gibt keinen Rest, das ist alles.«

Seine Mutter schüttelte ungläubig den Kopf. »Das ist doch kein Computer! Wo ist der Bildschirm? Wo ist das Keyboard?«

»Die brauchst du nicht, das ist alles!«

»Was soll ich damit machen? Wie bediene ich ihn?«

»Du redest mit ihm. Du sagst ihm einfach, was du willst.«

Wieder schüttelte seine Mutter nur den Kopf. Nein, das war kein Computer, da war sie sich ganz sicher. Was hatte ihr Sohn da nur bloß wieder mit ins Haus gebracht? Doch dann wagte sie den Versuch.

Es dauerte keine fünfzehn Minuten, da hatte sie den neuen Computer als Computer akzeptiert und stellte ihm alle möglichen Fragen. Weitere fünfzehn Minuten später machte sie bereits Bestellungen bei *Amazon*.

Als Christian Reilly uns diese Anekdote erzählt, lächelt er. Reilly ist Vice President und CTO bei *Citrix*, einem der weltweit führenden Software-Hersteller. Viele globale Topunternehmen nutzen die Technik der Firma aus Fort Lauderdale, Florida. »Wissen Sie«, sagt uns Reilly im Gespräch in einem GoToMeeting-Call

Komplexe Technologie nähert sich dem Menschen an.

zwischen London und Deutschland. »Für uns alle fühlte sich die erste Interaktion mit einem *Alexa* wohl an wie eine Revolution. Wie etwas völlig Neuartiges. Dabei ist die Art, mit dem Computer zu interagieren, doch das Natürlichste der Welt«, sagt er. Und hat recht. Miteinander zu sprechen ist die älteste Kommunikationsform, die es gibt. Etwas in eine Tastatur zu tippen ist viel weiter weg von unserem natürlichen Verhalten. »Es erscheint uns wie eine Revolution, weil komplexe Technologie immer benutzerfreundlicher wird. Sie nähert sich dem Menschen an.«

Und schon ist Reilly bei seinem großen Thema. Bei dem großen Thema seiner Firma. Es gibt wahrscheinlich wenige Unternehmen, die sich in ihrer Arbeit so sehr dem Leitbild verschrieben haben, den Menschen ins Zentrum zu stellen. »Bei allem, was wir machen, bei allem, was wir entwickeln, geht es genau darum: Wie können wir Technologie so gestalten, dass sie dem Menschen dient? Dass sie dem Menschen das Leben und das Arbeiten leichter macht?«, führt Reilly aus.

In den Software-Anwendungen, die *Citrix* produziert, geht es dabei hauptsächlich darum, die Arbeitsprozesse zu vereinfachen und vor allem die individuellen Bedürfnisse der Menschen zu verstehen. Man entwickle hier einen hyperpersonalisierten Blick auf die Sache, sagte Reilly.

Doch mit den Produkten, die sie entwerfen, verfolgen sie auch ein idealistisches Ziel: »Wir wollen eine bessere Arbeitswelt schaffen. Wir sind fest davon überzeugt: Die Technik ist dafür der Schlüssel.« *Citrix glaubt an die New Work*. Und dass man eine Unternehmenskultur nur mit den richtigen Werkzeugen verändern kann. »Wie soll sich denn Homeoffice durchsetzen, wenn wir dafür nicht die richtigen Anwendungen haben? Wir müssen den Unternehmen helfen, eine neue Kultur überhaupt erst zu ermöglichen«, sagt er. *Citrix* selbst lebt das Ideal bereits vor. »Wir achten hier überhaupt nicht darauf, ob ein Mitarbeiter im Büro ist oder nicht. Wir achten darauf, ob die Projekte fertig werden«, sagt Reilly. »Wo und wie das geschieht? Geht uns nichts an. Wir vertrauen unseren Leuten.«

Wieder und wieder betont die gesamte Unternehmensführung von *Citrix*, dass ihre Mitarbeiter ihr höchstes Gut sind. Sie stellen den Menschen ins Zentrum. Der CEO, David Henshall, sagte es gar in seiner *Citrix Synergy* 2019 Opening Keynote: »People are integral.«

»People are integral.«

»So verfahren wir auch, wenn wir neue Leute einstellen. Es gibt bei uns ein Motto: ›Hire for potential and train for skill.‹« Man achtet bei einem Bewerbungsgespräch also auf das Potenzial, das man in den Bewerbern sieht, und schleift es dann in der Firma. »Nur so bekommen wir auch Leute, die loyal sind. Die sich mit unserer Firmenideologie identifizieren können.«

Und das gelingt auch ganz erfolgreich. *Citrix* stellt heute Software wie *Digital Workspace Solutions* für 99 Prozent der 500 umsatzstärksten Unternehmen der Welt her. Eine Software, die es ermöglicht, sämtliche von einem Unternehmen bereitgestellten Anwendungen auf allen möglichen Endgeräten zu nutzen. Egal, ob auf dem Desktop-Rechner, dem Smartphone oder einem Tablet. *Eine echte New-Work-Software* also! Hoffentlich stecken sie möglichst viele der Unternehmen mit ihren Gedanken an.

Der europäische Weg

Tatsächlich gibt es derzeit zwei große Treiber der globalen Veränderungen. Die Weltwirtschaft wird sowohl vom chinesischen als auch vom US-amerikanischen Markt geprägt. Die Länder fahren allerdings ganz unterschiedliche Strategien, weiß der Unternehmensberater Professor Dr. Jörg Knoblauch (www.abc-personal-strategie.de), der beide Regionen regelmäßig bereist.

In den **Vereinigten Staaten** gehen die Innovationen vom *Silicon Valley* aus. Die meisten Inspirationen, die wir in unseren New-Work-Baukasten gesteckt haben, finden dort ihren Ursprung. Wer es geschafft hat, einen Job in einem der begehrten Start-ups oder der Tech-Schmieden zu finden, der hat in den meisten Fällen so etwas wie einen arbeitstechnischen Sechser im Lotto gezogen.

Doch genau hier liegt auch das Problem. »Die Unternehmen im Valley setzen nur auf die besten Mitarbeiter«, sagt uns Knoblauch. »Wer nicht A+ ist, braucht sich noch nicht einmal zu bewerben, er hat schlichtweg keine Chance.« Das Paradies hat also eine hohe Zugangsbeschränkung. Und wer nicht eingelassen wird, der muss sehen, wo er bleibt. »Gerade in San Francisco, also dem Umland vom Val-

Ein Paradies mit hoher Zugangsbeschränkung

ley, sind die Preise so exorbitant gestiegen, dass normale Arbeiter sich eine Wohnung unmöglich noch leisten können«, berichtet Knoblauch. »Sie fahren teilweise ein, zwei Stunden in die Vororte. Die ganze Umgebung ist dominiert von den New-Work-Gewinnern.« Für die Verlierer sieht es hingegen schlecht aus. Das bestätigen auch die jährlichen Armutsberichte, die zeigen, dass sich die Wohlstandsschere besonders in den USA zunehmend öffnet. Arm und Reich driften immer weiter auseinander. Der unglaubliche Erfolg der Firmen aus dem Valley hat für eine Zwei-Klassen-Gesellschaft der Arbeiter gesorgt.

China hingegen verfolgt eine andere Politik: eine Politik des radikalen Wachstums, von dem das ganze Land profitiert. 1,4 Milliarden Menschen leben im Reich der Mitte. Und das Ziel der Staatspolitik ist völlig klar: China möchte wieder seinen Platz als Nummer eins auf dem Weltmarkt einnehmen. »Sie können fragen, wen Sie wollen, dieses Ziel ist ganz fest in den Köpfen der Menschen vor Ort verankert«, sagt Knoblauch. »Und es gibt auch schon ein Datum. Der 1. Oktober 2049 ist der Stichtag.« Der hundertste Gründungstag der Volksrepublik. Um dieses Ziel zu erreichen, investiert der Staat massiv in neue Unternehmen. Jeden Tag werden allein in den Hightech-Zonen tausend neue Firmen registriert. Besonders viel Kapital wird in junge Start-ups gesteckt. *China ist ein komplett durchdigitalisiertes Land.* Sämtliche Bewohner, egal, ob sie in der Stadt oder auf dem Land leben, sind regelmäßig online. Da in China alles erfasst wird, liegen von jedem Menschen unglaublich viele Daten vor. Und diese werden auch genutzt. Nicht nur für viele deutsche Unternehmen ein Albtraum!

China will sein Ziel erreichen. Koste es, was es wolle. Und der Plan ist genau vorgetaktet. Es gibt die Fünfjahresplan-Taktung der Regierung, nach der die Wirtschaft ihre Ziele akri-

China: ein komplett durchdigitalisiertes Land

bisch abarbeitet. Technologien, die man selbst nicht entwickeln kann, kauft man sich ein.

»Man darf eine Sache aber nicht vergessen«, sagte Knoblauch. »So beeindruckend der strikt auf Wachstum ausgerichtete Kurs auch ist: China bleibt ein autoritärer Staat. Ein Überwachungsstaat. Wenn mein heutiger Social Score nicht stimmt, werden mir Flugzeug und Highspeedtrain verwehrt. Da reicht es schon, wenn ich mit jemandem befreundet bin, dessen Social Score nicht ausreichend ist.«

Am besten das Beste aus beiden Welten

Und wo positioniert sich Deutschland zwischen diesen beiden extremen Polen? Wir tun gut daran, wenn wir uns *aus beiden Welten das Beste* herausnehmen. Wenn wir auf die Innovationskraft und die Fehlerkultur der Amerikaner schauen. Und uns den Umgang mit Planungssicherheit und Selbstorganisation aus China abschauen. Das ist schließlich ganz im Sinne der gesunden Rhythmen. Wenn wir uns das Beste aus beiden Welten herausnehmen, dann finden wir unseren idealen eigenen Weg.

24. DIE S-KURVE

W ir haben in diesem Buch viel über Intervalle gespro-
chen. Lassen Sie uns Ihnen zum Abschluss noch ein
ganz besonderes Intervall vorstellen. Unser *Lieblings-Inter-
vall,* wenn man so möchte. Zeichnen Sie vor Ihrem geistigen
Auge eine Welle, und ziehen Sie diese am rechten Ende hoch.
Es entsteht ein unendliches S, die sogenannte *S-Kurve.* Das
Konzept, das diesem Intervall zugrunde liegt, gehört zu den
Klassikern der Innovationsforschung von Richard N. Foster.[9]

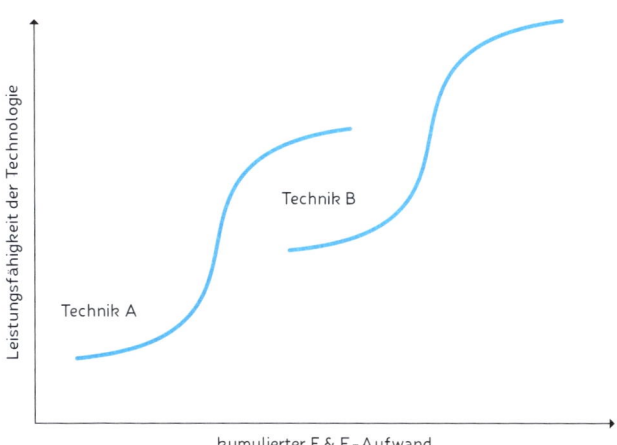

Das S-Kurven-Konzept

Was zeigt uns die *S-Kurve?* Vereinfacht gesagt: Sie stellt das
Verhältnis zwischen Aufwand und Ergebnis dar. Das natürli-
che, gesunde Wachstum ist eine S-Kurve.
Wenn Sie etwas verändern oder etwas er-   *Never, never give up!*
reichen wollen, müssen Sie zunächst in
Ihr Ziel investieren. Es folgt aber nicht direkt eine Verände-

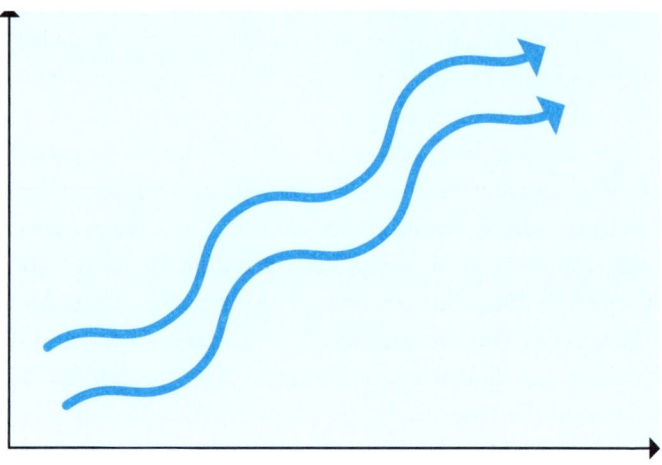

Diese Abbildung zeigt ein gemeinsames Intervall, wenn man

a) miteinander kooperiert und

b) zusammen die Talfahrt-Phasen der S-Kurve durchläuft

rung. Nach anfänglichem Anstieg gibt es zunächst eine Tal-Phase. Viele Menschen geben genau jetzt auf. Dabei sollte man das Gegenteil machen! Die S-Kurve zeigt, dass direkt nach der Talfahrt ein riesiger Aufschwung kommen muss. Oder wie es der Rock 'n' Roller unter den Bergsteigern Thomas Huber einmal sagte: »Scheitern ist nur eine Vorstufe zum Erfolg.« Wenn man an einem Berg scheitert, ist das keine Niederlage. Es ist ein *Lernprozess*. Ein Anlauf für den nächsten Versuch. Die S-Kurve symbolisiert genau das. Sie ist die Versöhnung mit Rückschlägen. Was wollen wir Ihnen damit sagen? Nur, dass Sie, um mit Churchill zu sprechen, nie aufgeben sollten: *Never, never give up!*

Innovation ist ein Prozess. Veränderung ist ein Prozess. So etwas geschieht nicht von heute auf morgen, so etwas geschieht über lange Strecken. Wie in unserem Beispiel mit der Liebe. Sie entsteht nicht einfach. Sie wächst. Und genau so, wie die Liebe zu einem Menschen wachsen kann, kann

Scheitern ist ein Lernprozess.

auch das Bewusstsein einer neuen Arbeitswelt in den Menschen wachsen. Der erste Keim wurde bereits gelegt. Er muss nur noch wachsen. Seien Sie mutig, und gehen Sie voran. Nutzen Sie die BOSS-Methode, die wir Ihnen vorgestellt haben, um wieder der Boss in Ihrem eigenen Leben zu werden. Und seien Sie damit ein Vorbild für andere. Seien Sie der erste Dominostein, der eine Kettenreaktion in Gang setzt. Wie gesagt: Dieses Buch entstand in Zeiten einer Krise. Aber jede Krise ist immer auch ein Wendepunkt. Oder wie es Abraham Lincoln einmal formulierte: »Der beste Weg, die Zukunft vorherzusagen, ist, diese zu schaffen.« Gehen wir es an. Gemeinsam!

25. DER GROSSE NEW-WORK-CHECK: DIE ARBEITSWELT VON MORGEN

Mitarbeitervorteile

Flexible Arbeitszeiten

Home-office

Kantine

Mitarbeiter-events

Essens-zulage

Mitarbeiter-rabatte

Schlaf

Kinder-betreuung

Hunde willkommen

Mitarbeiter-beteiligung

Gesundheits-maßnahmen

Coaching

Unterneh-menskultur

Unterneh-mensräume

Karriere

Kommunika-tion: Hard- und Software

Kommunika-tion: Werte

Unterneh-mensorga-nisation

Betr. Alters-versorgung

Barriere-freiheit

Betriebs-arzt

Parkplatz

Firmen-wagen

Mitarbeiter-handy

Internet-zugang

Günstige Anbindung

Mitarbeitervorteile - Bewertungsplattform für Unternehmen (besonders die grauen Icons stehen für weitgehend standardi-sierte Features und werden hier nicht weiter erörtert)[10]

Wir haben in diesem Buch eine gemeinsame Reise ange-
treten. Eine Reise von den Ufern unserer gegenwärtigen Arbeitswelt in eine verheißungsvolle Zukunft, die unter
dem Banner der *Intervall-Woche* eine ganzheitliche und er-
füllende Work-Life-Philosophie bereithält. Auf diesem Weg
haben wir uns aus dem Baukasten der New Work bedient, und
diesen Baukasten möchten wir Ihnen hier noch mal in Gänze
präsentieren. Es sind diese soften, scheinbar ganz unkom-
plizierten Faktoren, die die unglaubliche Macht haben, unsere
Arbeitswelt und unser Leben nachhaltig zu verändern.
Machen Sie also anhand der folgenden Punkte einen *Check,
wie New-Work-tauglich* ein Unternehmen ist, bei dem Sie vielleicht einmal arbeiten möchten oder bei dem Sie bereits schon
arbeiten:

Flexible Arbeitszeiten Achten Sie darauf, dass Sie beim Vorstellungs-
gespräch in einem neuen Unternehmen Ihre
»aktiven« Zeiten mit dem Arbeitgeber bespre-
chen. Wann und unter welchen Umständen Sie
am besten arbeiten können. In der Firma? Von zu Hause aus?
Wie macht Ihnen die Arbeit am meisten Spaß? Machen Sie
transparent, dass Sie unter diesen Bedingungen die besten
Leistungen erbringen werden. Bestehen Sie darauf, »ohne
Wecker« aufstehen zu dürfen, richten Sie sich nach Ihrem
Chronotyp. Wie ist es um den Work-Life-Flow bestellt?
Können Mitarbeiter auch länger ausbleiben, zum Beispiel ein
Hundert-Tage-Sabbatical einlegen?

Home-office Achten Sie darauf, wie flexibel Ihr Arbeitgeber
bei der Handhabung Ihres Settings ist. Ist Re-
mote Work machbar? Ist es gar gewünscht?
Oder sind die technologischen Voraussetzungen
gar nicht gegeben, damit Sie von zu Hause aus mobil hand-
lungsfähig sind? Achten Sie auf das Stichwort *Vertrauensar-*

beit. Add-on: Achten Sie auch darauf, dass es in einem Unternehmen keine Zeiterfassung gibt, sondern die Vereinbarung von Outcomes (Ergebnissen), Milestones (Zwischenzielen, überprüfbaren Etappen) und persönlichen Zielen.

Kantine

Achten Sie darauf, ob Ihr Unternehmen Ihnen die Möglichkeit gibt, gemeinsam mit den Kollegen zu speisen. Ob es möglich ist, die Mittags- oder Essenspause gemeinsam zu verbringen. Gibt es frei verfügbare Snack-Stationen oder eine Candy-Bar? Soziales Miteinander in den Pausen zählt als Erholungszeit.

Mitarbeiter-
events

Achten Sie darauf, ob Ihr Unternehmen dafür sorgt, dass Mitarbeiter miteinander wachsen, kommunizieren und sich vernetzen. Networking ist alles, denn nur so ist eine ideale Teamarbeit gewährleistet. Das Unternehmen kann dafür Sorge tragen, indem es diverse Veranstaltungen organisiert, wie After-Work-Partys, Birthday-Dinners und so weiter.

Essens-
zulage

Achten Sie darauf, ob Ihr Unternehmen Ihnen Essenszulagen gewährt. Dabei handelt es sich um einen monetären Zuschuss des Arbeitgebers zu Mahlzeiten des Arbeitnehmers, die dieser in der betriebseigenen Kantine oder in einer Gaststätte einnehmen kann.

Mitarbeiter-
rabatte

Achten Sie darauf, ob Ihr Unternehmen Ihnen Mitarbeiterrabatte gewährt. Traditionell geschieht das bei Produkten, die im eigenen Haus produziert oder verkauft werden. Auf diese Weise entsteht bei den Mitarbeitern eine nochmals engere Bindung an die Produkte, die sie selbst mitherstellen oder vertreiben.

Schlaf

Achten Sie darauf, ob Ihr Unternehmen die Work-Life-Sleep-Balance regelt. Bekommen Angestellte Anreize, um für genügend Regenerations- und Schlafenszeit zu sorgen? In Japan lässt sich etwa über eine App die eigene Schlafenszeit nachweisen, die ab einem gewissen Wert für einen geldwerten Vorteil sorgt. Ausgeschlafene Mitarbeiter sind produktive Mitarbeiter.

Kinder-betreuung

Achten Sie darauf, ob Ihr Unternehmen betriebliche Kinderbetreuung anbietet. Etwa in Form einer hauseigenen Kita oder anderer Betreuungsangebote, auch in Form von Nanny-Sharing-Angeboten.

Hunde willkommen

Achten Sie darauf, ob Ihr Unternehmen auch Angebote für Ihre Haustiere bereithält. Nicht nur die eigenen Kinder sind schließlich Teil der Familie. Darf der geliebte Vierbeiner in der konzerneigenen »Hunde-Kita« verweilen, ist der Arbeitnehmer meist nicht nur beruhigt, sondern auch glücklich.

Mitarbeiter-beteiligung

Achten Sie darauf, ob Ihr Unternehmen auch Maßnahmen zur Mitarbeiterbindung ergreift. Haben die Mitarbeiter die Möglichkeit zur Stock Compensation, Mitarbeiter-Aktie oder anderen Incentives? Gibt es die Möglichkeit einer Zielvereinbarung?

Gesundheits-maßnahmen

Achten Sie darauf, ob Ihr Unternehmen einen Chronotypen-Test anbietet. Welche vorbeugenden Maßnahmen werden sonst ergriffen, um die Gesundheit der Mitarbeiter zu schützen? Gibt es eine Intervall-App für ein besseres Rhythmus-Management?

Coaching

Achten Sie darauf, ob Ihr Unternehmen Coachings, Weiterbildungs- und Spezialisierungsmöglichkeiten anbietet. Ist für ausreichende Diversity gesorgt? Werden Teams je nach Chronotyp, Intervalltyp, Persönlichkeit und Diversity regelmäßig neu zusammengestellt? Sind internationale ortsunabhängige Teams gegeben?

Unternehmenskultur

Achten Sie darauf, ob Ihr Unternehmen einer modernen Organisationsstruktur folgt. Wie sind die Hierarchien verteilt? Wer hat das Sagen? Wie ist das Unternehmen aufgestellt? Werden Leute eingestellt, und sagt man ihnen, was sie zu tun haben? Oder lässt man die Leute der Firma sagen, was zu tun ist?

Unternehmensräume

Achten Sie darauf, ob Ihr Unternehmen für Wohlfühl-Atmosphäre sorgt. Schauen Sie sich die Räumlichkeiten, in denen Sie künftig arbeiten werden, genau an. Gibt es abwechslungsreiche Räume wie einen Activity Room, einen Creativity Room, einen Mindful Hour Room? Gibt es ergonomische Stühle, stationäre Laufräder als Sitzmöglichkeit, Desk Sharing, Beleuchtung auf chronotypische Werte optimiert?

Karriere

Achten Sie darauf, ob Ihr Unternehmen 75-Prozent-Stellen oder Co-Leadership anbietet. Welche weiteren Karrieremöglichkeiten gibt es im Unternehmen? Gibt es den Mitarbeitern gegenüber Gesten der Wertschätzung?

Kommunika-
tion: Hard-
und Software

Achten Sie darauf, ob es im Unternehmen ausreichende Kommunikationskanäle gibt. Werden neben der klassischen E-Mail, dem Telefon und dem Handy auch Telegram, Chat-Messenger, betriebliche WhatsApp-Gruppen, Zoom-Call, Hangouts, im PC installierte Kameras und Headsets, Webinare und Live-Chats genutzt?

Kommunika-
tion: Werte

Achten Sie darauf, wie die Projektgruppen im Unternehmen zusammengestellt werden. Werden Führungspositionen pro Projektgruppe neu verteilt? Darf man so sein, wie man ist? Darf man Emotionen zeigen? Wird bei schwierigen Gesprächen darauf geachtet, welche Intervalle davor und danach der Mitarbeiter wahrnehmen muss?

Unterneh-
mensorga-
nisation

Schauen Sie sich genau an, wie das Unternehmen organisiert ist. In klassischer Silo-Organisation (Prinzip Top-down), traditionell nach der Pyramidenstruktur und vielen standardisierten Workflows? Oder werden holokratische Strukturen etabliert, Zuständigkeiten agil vergeben, Freiheiten zugestanden und Vertrauensvorschuss geleistet?

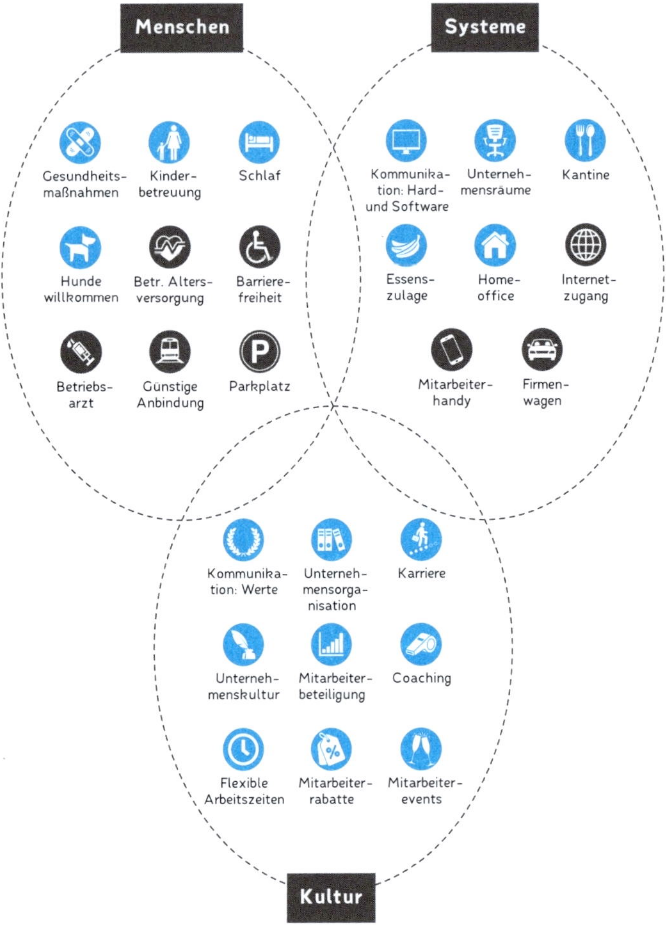

Menschen

Gesundheits-
maßnahmen

Kinder-
betreuung

Schlaf

Hunde
willkommen

Betr. Alters-
versorgung

Barriere-
freiheit

Betriebs-
arzt

Günstige
Anbindung

Parkplatz

Systeme

Kommunika-
tion: Hard-
und Software

Unterneh-
mensräume

Kantine

Essens-
zulage

Home-
office

Internet-
zugang

Mitarbeiter-
handy

Firmen-
wagen

Kultur

Kommunika-
tion: Werte

Unterneh-
mensorga-
nisation

Karriere

Unterneh-
menskultur

Mitarbeiter-
beteiligung

Coaching

Flexible
Arbeitszeiten

Mitarbeiter-
rabatte

Mitarbeiter-
events

The Big Picture: Menschen, Systeme und Unternehmenskultur müssen an einem Strang ziehen.

EXECUTIVE SUMMARY

Unsere Arbeitswelt macht uns krank. Unternehmen verlieren weltweit jährlich Milliardenbeträge, weil ihre Mitarbeiter ungesund oder unausgeschlafen sind. Umfragen bestätigen, dass sich Arbeitnehmer zunehmend überfordert fühlen. Der Stress steigt an. Ein Großteil der deutschen Arbeitnehmer wünscht sich eine Arbeitszeitverkürzung und würde gern auf das Modell der Vier-Tage-Woche umsteigen. Sogar in der Freizeit schaffen es viele nicht, richtig zu entspannen. Zu sehr belastet sie allein schon der Gedanke an die Arbeit, die noch auf dem Schreibtisch wartet. Doch was ist, wenn wir gar nicht *zu viel* arbeiten? Was ist, wenn wir einfach nur *falsch* arbeiten?

Arbeiten wir zu viel oder einfach nur falsch?

Tatsächlich steht unsere gegenwärtige Arbeitswelt im Konflikt mit unserer natürlichen Biologie. Im Jahr 2017 wurden wie gesagt drei Chronobiologen für ihre Forschungsarbeiten mit dem Nobelpreis für Medizin oder Physiologie ausgezeichnet. Die Chronobiologie hat entdeckt, dass alle Lebewesen eine innere Uhr haben. Auch der Mensch. Diese *innere Uhr* gibt ihm einen bestimmten Rhythmus vor; und wer es schafft, im Einklang mit diesem Rhythmus, mit diesen Intervallen zu leben, der setzt ungeheure Energien frei. Das ist das Erfolgsgeheimnis von neuen Methoden wie dem Intervall-Training, dem Intervall-Fasten oder dem Intervall-Schlaf. Warum also nicht auch *die Arbeit den eigenen Intervallen anpassen?*

Um das zu erreichen, braucht es vier Schritte. Wir nennen diese vier Schritte »die BOSS-Methode«. Jeder kann sie umsetzen. Egal, ob einfacher Arbeitnehmer, ob Teamleiter oder Konzernlenker: Sie ist universell einsetzbar.

Die BOSS-Methode

Auf den Menschen wirken zwei Kräfte: eine Kraft von innen, die ihm eine biorhythmische Taktung vorgibt, und eine Kraft von außen, die ihm eine Fremdtaktung aufdrängt. Es entsteht eine *Asynchronität*. Das Ziel der BOSS-Methode ist es, die Rhythmen wieder ins Gleichgewicht zu bringen:

- **B wie Beobachten** (behold), **Bestandsaufnahme machen:** In einem ersten Schritt geht es darum, sich seiner eigenen Intervalle überhaupt erst bewusst zu werden. Intervalle sind eine sehr individuelle Sache. Jeder Mensch tickt anders. Jeder Mensch hat seinen eigenen Rhythmus. Mittels diverser Testverfahren und Selbstbeobachtungstechniken können diese erkannt werden.

- **O wie Organisieren** (organize): Wenn man sich seiner eigenen Intervalle bewusst wird, tritt man in die Planungsphase ein. Mithilfe von Tools aus dem Baukasten der *New Work* kann es Ihnen gelingen, den jetzt schon bestehenden Arbeitsalltag so zu optimieren, dass Sie sehr viel leistungsfähiger, ausgeschlafener und fitter sind. Ohne dass Sie irgendetwas an dem Setting Ihres Arbeitsumfeldes verändert haben.

- **S wie Sinn geben** (sense), **Sinn finden:** Wer es schafft, seinen Lebensalltag an seine Biologie so stark anzupassen, dass sich neue Kapazitäten und Freiräume bilden, der wird sehr bald nach Dingen suchen, die ihn über die Arbeit hinaus erfüllen. Der wird sich die Frage stellen, was ihn »wirklich, wirklich« glücklich macht. In diesem Schritt versuchen wir festzustellen, ob und wie sich Ihre Vision vom Leben mit dem vorhandenen Setting Ihres Arbeitsplatzes in Einklang bringen lässt.

- **S wie Synchronisieren** (synchronize): Im letzten Schritt schließlich geht es um die tatsächliche Synchronisation der Intervalle mit dem Arbeitsalltag. Wenn man einen Sinn in seiner Arbeit gefunden hat, dann muss man die Arbeit nun so gestalten, dass sie dem Menschen dient. Dafür gilt es, die *Intervall-Woche* umzusetzen. Es wird aufgezeigt, wie man nach und nach aus dem gewohnten Hamsterrad ausbrechen kann.

Wer die BOSS-Methode anwendet und seinen Arbeitsalltag mit seinen bestehenden Intervallen synchronisiert, der macht einen Anfang. Einen ersten Schritt zu einer großen Änderung. Der ist der erste Dominostein, der den Status quo verändert und der möglicherweise eine Kettenreaktion auslöst. Denn das Leben nach der *Intervall-Woche* wird andere Menschen inspirieren. Kollegen. Vorgesetzte. Und Firmen. Die *Intervall-Woche* stellt den Menschen in den Mittelpunkt. Wenn der Mensch im Mittelpunkt steht, dann wird er ausgeglichener, leistungsfähiger und effizienter. Davon profitieren schließlich auch die Firmen. Und am Ende die gesamte Wirtschaft. Wenn sich diese neue Art zu arbeiten, die *New Work*, durchsetzt, wird es zu einer breiten gesellschaftlichen Veränderung und einer neuen Prosperität in der Ökonomie kommen.

> *Eine neue Prosperität in der Ökonomie*

Warum die Intervall-Woche so wichtig ist!

Die Zeit, in der wir leben, ist eine Zäsur. Viele Arbeitsmethoden, die wir in der *Intervall-Woche* vorstellen, wurden während der umwälzenden Ereignisse der Pandemie von 2020 bereits angewandt, und das durchaus erfolgreich, was auch für die Zukunft hoffen lässt:

- Menschen fühlen sich in ihrem Arbeitsalltag zunehmend unwohler. Die *Intervall-Woche* führt zu mehr Leistungsfähigkeit, mehr Produktivität und mehr Selbstzufriedenheit.
- Von einer Anwendung der *Intervall-Woche* profitieren nicht nur die Mitarbeiter, sondern auch die Unternehmen selbst. Sie sind nun in der Lage, aus dem vollen Potenzial ihrer Angestellten zu schöpfen.
- Die *Intervall-Woche* nutzt sämtliche Tools aus dem Baukasten der New Work. Wir haben von den Besten gelernt. Die Methoden sind visionär und werden bereits erfolgreich in großen Unternehmen und Start-ups angewandt.
- Die *Intervall-Woche* stellt den Menschen in den Mittelpunkt. Auf diese Weise wird er endlich wieder eine Sinnhaftigkeit in seiner Arbeit erfahren, die ihn inspiriert.
- Die *Intervall-Woche* kann hier einen entscheidenden Beitrag liefern, Menschen zu ihrer Kraft zu verhelfen und das Empowerment jedes Einzelnen zu fördern.

Viele Arbeitsmethoden, die wir in der *Intervall-Woche* vorstellen, wurden durch die umwälzenden Ereignisse der Pandemie von 2020 bereits angewandt. Und das durchaus erfolgreich. Die Zeit, in der wir leben, ist eine Zäsur.

Ihre persönlichen Benefits

Die *Intervall-Woche* bietet realisierbare Vorschläge, wie die bessere *Arbeitswelt der Zukunft* aussehen kann. Wenn Sie nach der *Intervall-Woche* leben,

- tun Sie das, was Sie lieben, und lieben das, was Sie tun,
- träumen Sie nicht mehr Ihr Leben, sondern leben Ihre Träume,
- werden Sie zu Ihrem eigenen Rhythmus-Manager, der im Einklang mit seiner Biologie steht,
- werden Sie nicht mehr vom Leben geführt, sondern übernehmen die Führung über das Leben,
- werden Sie achtsam und selbstbestimmt,
- finden Sie einen ganz neuen *Work-Life-Flow,* der nicht nur Ihr Wohlbefinden steigert, sondern Sie auch gesünder und länger leben lässt,
- machen *Sie* den Unterschied!

Arbeitest du noch oder lebst du schon?

ANHANG

Dank

Wir danken an erster Stelle dem Journalisten **Dennis Sand** für seine unverzichtbare und unermüdliche Unterstützung beim Recherchieren und Schreiben dieses Buches und fühlen uns geschmeichelt, dass sein Zeitmanagement während der Arbeit an der *Intervall-Woche,* eigenen Angaben zufolge, »einen Quantensprung« gemacht hat. Du bist der Beste, Dennis!

Unser Dank geht insbesondere an unsere Interviewpartner, Visionäre und Macher, die den Geist der New Work bereits seit vielen Jahren leben und erfolgreich in ihren Unternehmen und Organisationen umsetzen und mit ihren Mitarbeitern und Geschäftspartnern teilen. Wir haben sehr viel von ihnen gelernt. Namentlich danken wir unseren freundlichen, auskunftsfreudigen und geduldigen Interviewpartnern: **Cawa Younosi,** Head of Human Resources und Mitglied der Geschäftsführung, sowie **Björn Emde,** Vice President Global Corporate Affairs, beide *SAP,* **Christian Reilly,** Vice President und CTO (Chief Technical Officer), *Citrix,* London, **Oliver Kentschke,** Senior Corporate Communications Manager, Central & Eastern Europe und Corporate Communications, und **Mathias Büttner,** Director Marketing Central Europe, beide *Citrix,* **Magdalena Rogl,** Head of Digital Channels von *Microsoft,* dem Chronobiologen **Prof. Dr. habil. Thomas Kantermann,** dem Rhythmus-Manager **Michael Wieden,** dem Zukunftsforscher **Erik Händeler,** dem KI-Doktor **Dr. rer. nat. Philip Häusser,** dem Unternehmensberater und Silicon-Valley-Experten **Prof. Dr. Jörg Knoblauch.** Wir sind auch allen Freunden und MBA-Alumnis für die anregenden Diskussionen und klugen Sätze zum

Dank verpflichtet, ganz besonders **Sonja Gehring, Anna Bansbach, Fabian Weigelt, Stephan Krug, Michael Kochs, Roland Kristl, Christian Schopf, Roland Beil, Heiko Bärnreuther, Lucas Ebner, Karl Mayer** ...

Für die großartige Unterstützung bei der Entwicklung des Intervalltypen-Tests danken wir der Psychologin **Silke Reinbold.** Für die freundliche Zurverfügungstellung des DISG-Kurztests bedanken wir uns bei **Debora Karsch,** *persolog.*

Und abschließend möchten wir dem *Verlag Droemer Knaur* danken, ganz besonders der Verlegerin **Dr. Doris Janhsen,** die als Erste das Potenzial dieses Titels erkannt und zusammen mit dem kaufmännischen Geschäftsführer **Josef Röckl** vorangetrieben hat. Danke an die Verlagsleiterin **Regina Denk,** dass sie an uns geglaubt hat. Für die hervorragende und akribische Redaktion danken wir **Ralf Lay,** dem »Rolls-Royce« unter den Redakteuren. Und unser Herzensdank geht an die Programmleiterin **Sabine Jaenicke** für ihre gefühlige, kompetente und immer positive Begleitung bei diesem Werk. Du warst unser Anker auf dieser Reise ...

Last, but not least danken wir allen New Workern, Business-Punks, Querdenkern, Innovationstreibern, Motivatoren, Ermutigern und allen, die unsere Idee der *Intervall-Woche* begrüßen, begleiten, aufgreifen, verbreiten, kommentieren, kritisieren oder empfehlen. Die *Intervall-Woche* versteht sich nicht nur als ein Konzept für ein besseres Arbeitsleben, sondern auch als einen Beitrag zu der gegenwärtig dringend notwendigen *Arbeit der Zukunft. Let's talk about it!*

Lothar Seiwert und *Silvia Sperling*
www.intervall-woche.de

Literatur

Baron, Stefan, und Yin-Baron, Guangyan: *Die Chinesen.* Psycho-gramm einer Weltmacht. 7. Aufl. Berlin: Econ, 2018

Bergmann, Frithjof: *Neue Arbeit, neue Kultur.* Freiburg: Arbor, 2017

BKK: *Gesundheitsreport 2019 »Psychische Gesundheit und Arbeit«,* abrufbar unter: https://www.bkk-dachverband.de/publikationen/bkk-gesundheitsreport.html

Blanchard, Kenneth, Zigarmi, Patricia, und Zigarmi, Drea: *Der Minuten-Manager: Führungsstile.* Situatives Führen. Neuausgabe. Reinbek: Rowohlt, 2015

Bracht, Petra: *Intervallfasten.* Für ein langes Leben – schlank und gesund. 14. Aufl. München: Gräfe und Unzer, 2019

Breus, Michael: *Gutes Timing ist alles.* Der richtige Zeitpunkt für Schlaf, Essen, Sex und fast alles andere. 2. Aufl. München: Goldmann, 2017

Citrix: *The Future of the Working Week* (Studie). Sept. 2019, www.citrix.com/de-de/news/announcements/oct-2019/citrix-umfrage-vier-tage-woche-in-deutschland-beliebt-aber-unwahrscheinlich-de.html

Citrix: *Erfolg hat seine eigenen Geschichten.* 3. Aufl. München: Citrix Systems GmbH, 2019

Dobelli, Rolf: *Die Kunst des digitalen Lebens.* Wie Sie auf News verzichten und die Informationsflut meistern. 2. Aufl. München: Piper, 2019

Eder, Ursula, und Sperlich, Franz J.: *Das Parasympathikus-Prinzip.* Wie wir mit wenigen Atemzügen unseren inneren Arzt fit machen. München: Gräfe und Unzer, 2019

Elrod, Hal, und Scott, Steve: *Miracle Morning für Autoren.* Dein Schreibritual für mehr Erfolg und höheres Einkommen. Geleitwort von Lothar Seiwert. Bamberg: Edition Forsbach, 2020

Ferriss, Timothy: *Die 4-Stunden-Woche.* Mehr Zeit, mehr Geld, mehr Leben. 9. Aufl. Berlin: Ullstein, 2018

Förster, Anja, und Kreuz, Peter: *Hört auf zu arbeiten!* Eine Anstiftung, das zu tun, was wirklich zählt. München: Pantheon, 2013

Gay, Friedbert, und Karsch, Debora: *Das persolog® Persönlichkeits-Profil.* Persönliche Stärke ist kein Zufall. Mit Fragebogen zur Selbstauswertung. 42. Aufl. Offenbach: Gabal, 2019

Hackl, Benedikt, Wagner, Marc, Attmer, Lars, und Baumann, Dominik: *New Work: Auf dem Weg zur neuen Arbeitswelt.* Management-Impulse, Praxisbeispiele, Studien. Wiesbaden: Springer Gabler, 2017

Halik, Nik, und Gunderson, Garrett B.: *Das 5-Tage-Wochenende.* Wie Sie lernen, selbstbestimmt und frei zu leben. München: Finanzbuch, 2020

Händeler, Erik: *Die Geschichte der Zukunft.* Sozialverhalten heute und der Wohlstand von morgen. Kondratieffs Globalsicht. 11. Aufl. Moers: Brendow, 2018

Häusser, Philip: *Phil's Physics.* Geniale Erfindungen, die das Leben erleichtern. Komplett-Media, 2016

Heymann, Helmut, und Seiwert, Lothar: *Flexible Pensionierung.* Arbeitszeitmodelle – Vorruhestandsregelungen – Ruhestandsvorbereitung. Grafenau/Württ.: Expert, 1984

Heymann, Helmut, und Seiwert, Lothar (Hrsg.): *Job Sharing.* Flexible Arbeitszeit durch Arbeitsplatzteilung. Grafenau/Württ.: Expert, 1982

Huber, Andreas, und Fuchs, Helmut: *Gesund durch kluges Timing.* Mit der Chronobiologie zu einem körperbewussten Lebensrhythmus. Kreuzlingen und München: Hugendubel, 2012

Hübler, Michael: *Die Bienen-Strategie und andere tierische Prinzipien.* Wie schwarmintelligente Teams Komplexität meistern (Kindle E-Book). Regensburg: Metropolitan, 2020

Iansiti, Marco, und Lakhani, Karim R.: *Competing in the Age of AI.* Strategy and Leadership When Algorithms and Networks Run the World. Boston/MA: Harvard Business Review Press, 2020

Kim, W. Chan, und Mauborgne, Renée: *Der Blaue Ozean als Strategie.* Wie man neue Märkte schafft, wo es keine Konkurrenz gibt. 2. Aufl. München: Hanser, 2016

Klasing, Insa: *Der 2-Stunden-Chef.* Mehr Zeit und Erfolg mit dem Autonomie-Prinzip. Frankfurt: Campus, 2019

Knieps, Franz, und Pfaff, Holger (Hrsg.): *BKK Gesundheitsreport 2019.* Psychische Gesundheit und Arbeit. Zahlen, Daten, Fakten. Berlin: Medizinisch Wissenschaftliche Verlagsgesellschaft, 2019

Knoblauch, Jörg, und Kurz, Jürgen: *Die besten Mitarbeiter finden und halten.* Die ABC-Strategie nutzen. 3. Aufl. Frankfurt und New York: Campus, 2019

Kürschner, Isabelle: *New Work.* Wie wir morgen tun, was wir heute wollen. Wien: Goldegg Business, 2015

Kurz, Jürgen, und Miller, Marcel: *So geht Büro heute!* Erfolgreich arbeiten im digitalen Zeitalter. Offenbach: Gabal, 2019

Küstenmacher, Werner Tiki, und Seiwert, Lothar: *Simplify your Life.* Einfacher und glücklicher leben. 17. Aufl. (Neuausgabe). Frankfurt und New York: Campus, 2016

Laloux, Frederic: *Reinventing Organizations visuell.* Ein illustrierter Leitfaden sinnstiftender Formen der Zusammenarbeit. München: Vahlen, 2016

Lee, Bruce: *Know yourself!* Die Geheimnisse meines Erfolgs. München: O. W. Barth, 2020

Lohmann-Haislah, Andrea: *Stressreport Deutschland 2012.* Psychische Anforderungen, Ressourcen und Befinden. Dortmund/Berlin/Dresden: Bundesanstalt für Arbeitsschutz und Arbeitsmedizin, 2012

Mahlodji, Ali: *Entdecke dein Wofür.* Der Weg zu einem Leben, das wirklich deins ist. München: Gräfe und Unzer, 2020

Moser, Maximilian: *Vom richtigen Umgang mit der Zeit.* Die heilende Kraft der Chronobiologie. 2. Aufl. Berlin: Allegria, 2017

Mühlhausen, Corinna: *Health Report 2020.* Frankfurt am Main: Zukunftsinstitut-Verlag, 2019, https://onlineshop.zukunftsinstitut.de/shop/health-report-2020, Zugriff: 30.5.2020

Narbeshuber, Esther, und Narbeshuber, Johannes: *Mindful Leader.* Wie wir die Führung für unser Leben in die Hand nehmen und uns Gelassenheit zum Erfolg führt. München: O.W. Barth, 2019

Nefiodow, Leo A., und Nefiodow, Simone: *Der sechste Kondratieff.* Wege zur Produktivität und Vollbeschäftigung im Zeitalter der Information. Die langen Wellen der Konjunktur und ihre Basis-innovation. 7. Aufl. Sankt Augustin: Rhein-Sieg, 2014

RAND-Institut: *Why Sleep Matters.* Quantifying the Economic Costs of Insufficient Sleep (Studie). September 2016, www.rand. org/randeurope/research/projects/the-value-of-the-sleep-economy.html

Reichel, Tim: *Busy is the New Stupid.* Wie du endlich mehr Zeit für das Wesentliche gewinnst. München: FinanzBuch Verlag, 2020

Roenneberg, Till: *Wie wir ticken:* Die Bedeutung der Chronobio-logie für unser Leben. 2. Aufl. Köln: DuMont, 2018

Scharpenack, Philipp Maximilian*: Life to the Max.* Meine abenteu-erliche Reise zu einem Leben mit nur vier Stunden Arbeit pro Woche. München: FinanzBuch, 2020

Seiwert, Lothar: *Arturs Geheimnis.* Wie wir Sinn sammeln statt Sachen. München: Gräfe und Unzer, 2020

Seiwert, Lothar: *Die Bären-Strategie.* In der Ruhe liegt die Kraft. 9. Aufl. München: Heyne, 2018

Seiwert, Lothar: *Wenn du es eilig hast, gehe langsam.* Wenn du es noch eiliger hast, mache einen Umweg. Der Klassiker des Zeitmanage-ments mit neuen Tools. 17. Aufl. (Neuausgabe) Frankfurt und New York: Campus, 2018

Seiwert, Lothar: *Die Tiger-Strategie.* Wer für seine Erfolge nicht selbst sorgt, hat sie nicht verdient. München: Ariston, 2016

Seiwert, Lothar: *Zeit zu leben.* So bekommen Sie Ihr Leben in Balance. 3. Aufl. Offenbach: Gabal, 2016

Seiwert, Lothar: *Das neue Zeit-Alter.* Warum es gut ist, dass wir im-mer älter werden. Mit einem Geleitwort von Pater Anselm Grün. München: Ariston, 2014

Seiwert, Lothar, und Ahnfeldt, Anjana: *4 Wege zu mehr Zeitkompe-tenz.* Wie Sie Ihre Lebenszeit organisieren, gestalten und dabei flexibel bleiben. Offenbach: Gabal, 2020

Seiwert, Lothar, und Gay, Friedbert: *Das 1 × 1 der Persönlichkeit. Mehr Menschenkenntnis & Erfolg mit dem persolog®-Modell.* 34. Aufl. München: Gräfe und Unzer, 2020

Seiwert, Lothar, und Sperling, Silvia: *Start Your Bullet Journal 1.* Der neue Lebensplaner für deine Wünsche, Träume und Ziele. 4. Aufl. München: Knaur-Balance, 2018

Seiwert, Lothar, und Sperling, Silvia: *Start Your Bullet Journal 2.* Ordnung – Einfachheit – Glück. München: Knaur-Balance, 2018

Seiwert, Lothar, und Sperling, Silvia: *Start Your Bullet Journal 3.* Das Reise-Journal für Traveller & Sinnsucher. 2. Aufl. München: Knaur-Balance, 2019

Sieverling, Nicola: *Plan B.* Endlich etwas finden, für das man wirklich brennt – Jobwechsel? Start Up? Aussteigen? München: Kailash, 2020

Sinek, Simon: *Das unendliche Spiel.* Strategien für den dauerhaften Erfolg. München: Redline, 2019

Sinek, Simon: *Frag immer erst: warum.* Wie Topfirmen und Führungskräfte zum Erfolg inspirieren. München: Redline, 2014

Stekovic, Slaven: *Der Jungzelleneffekt.* Wie wir die Regenerationskraft unseres Organismus aktivieren. München: Knaur, 2020

Weeß, Hans-Günter: *Schlaf wirkt Wunder.* Alles über das wichtigste Drittel unseres Lebens. München: Droemer, 2018

Wieden, Michael: *Chronobiologie im Personalmanagement.* Wissen, wie Mitarbeiter ticken. 2. Aufl. Wiesbaden: Springer Gabler, 2016

Wieden, Michael: *Liquid Work.* Arbeiten 3.0. Wiesbaden: Springer Gabler, 2012

Winter, Martin: *China 2049.* Wie Europa versagt. München: Süddeutsche Zeitung, 2019

Anmerkungen

Einführung

1   Pressebox: »Umfrage: Wunsch nach mehr Home-Office auch nach Corona«, 7.5.2020, https://www.pressebox.de/pressemitteilung/acer-computer-gmbh/Umfrage-Wunsch-nach-mehr-Home-Office-auch-nach-Corona/boxid/1005060, Zugriff: 8.6.2020.

Die Diagnose oder Unsere Arbeitswelt heute

1   Franz Knieps und Holger Pfaff (Hrsg.): *BKK Gesundheitsreport 2019. Psychische Gesundheit und Arbeit. Zahlen, Daten, Fakten.* Berlin: Medizinisch Wissenschaftliche Verlagsgesellschaft, 2019.

2   DGB-Index Gute Arbeit: »Report 2019 – Arbeiten am Limit«, Themenschwerpunkt Arbeitsintensität, 5.12.2019, https://index-gute-arbeit.dgb.de/++co++07123474-1042-11ea-bc98-52540088cada, Zugriff: 8.6.2020.

3   Vgl. Andrea Lohmann-Haislah: *Stressreport Deutschland 2012.* Psychische Anforderungen, Ressourcen und Befinden. Dortmund/Berlin/Dresden: Bundesanstalt für Arbeitsschutz und Arbeitsmedizin, 2012.

4   Vgl. Wendy M. Troxel et al. (RAND-Institut): »Why Sleep Matters: The Macroeconomic Costs of Insufficient Sleep«, April 2017, https://www.researchgate.net/profile/Wendy_Troxel2/publication/316574094_0803_WHY_SLEEP_MATTERS_THE_MACROECONOMIC_COSTS_OF_INSUFFICIENT_SLEEP/links/5a847193aca272c99ac37e5f/0803WHY-SLEEP-MATTERS-THE-MACROECONOMIC-COSTS-OF-INSUFFICIENT-SLEEP.pdf, Zugriff: 7.6.2020.

5   Citrix: »The Future of the Working Week« (Studie), 30.10.2019, https://www.citrix.com/de-de/news/announcements/oct-2019/citrix-umfrage-vier-tage-woche-in-deutschland-beliebt-aber-unwahrscheinlich-de.html#:~:text=Das%20sind%20die%20Ergebnisse%20einer,einer%20Woche%20mit%20vier%20Arbeitstagen.&text=42%20Prozent%20sagen%2C%20dass%20eine,auf%20den%20Weltm%C3%A4rkten%20verschaffen%20w%C3%BCrde, Zugriff: 7.6.2020.

6   Hilmar Schneider: »New Work. Funktioniert die 4-Tage-Woche?«, 21.10.2016, https://enorm-magazin.de/wirtschaft/beruf-arbeit/new-work/funktioniert-die-4-tage-woche, Zugriff: 11.6.2020.

7   Vgl. Andreas Böhnisch und Mario Demuth: »Vier-Tage-Woche: Verzicht auf Arbeitszeit für gleichen Lohn und mehr Freizeit?«,

SWR aktuell, 4.3.2020, https://www.swr.de/swraktuell/weniger-ist-mehr-vier-tage-woche-100.html, Zugriff: 8.6.2020.

8 »Citrix-Umfrage …«, a. a. O.

9 Benedikt Hackl, Marc Wagner, Lars Attmer und Dominik Baumann: *New Work: Auf dem Weg zur neuen Arbeitswelt.* Management-Impulse, Praxisbeispiele, Studien. Wiesbaden: Springer Gabler, 2017, E-Book, Kapitel 1.1.

10 Isabelle Kürschner: *New Work.* Wie wir morgen tun, was wir heute wollen. Wien: Goldegg Business, 2015, S. 215.

11 Dr. Marin Braun (Fraunhofer IAO): »Chronobiologische Arbeitsgestaltung«, zuletzt bearbeitet am 3.8.2018, https://wiki.iao.fraunhofer.de/index.php/Chronobiologische_arbeitsgestaltung, Zugriff: 31.5.2020.

12 Jörg Knoblauch und Jürgen Kurz: *Die besten Mitarbeiter finden und halten.* Die ABC-Strategie nutzen. 3. Aufl. Frankfurt und New York: Campus, 2019, S. 178.

13 Kenneth Blanchard, Patricia Zigarmi und Drea Zigarmi: *Der Minuten-Manager: Führungsstile. Situatives Führen.* Vollst. überarb. Neuausgabe. Reinbek: Rowohlt, 2015.

14 Ann-Kathrin Eckardt: »Der sanfte Rebell«, 2.8.2019, https://www.sueddeutsche.de/leben/reportage-der-sanfte-rebell-1.4547871, Zugriff: 11.6.2020.

Die Macht der Rhythmen oder Ein paar Grundlagen

1 Hans-Günther Weeß: *Schlaf wirkt Wunder.* Alles über das wichtigste Drittel unseres Lebens. München: Droemer, 2018, S. 39.

2 »Nachts Asthma, morgens Infarkt«, aktualisiert am 10.10.2017, https://www.faz.net/aktuell/wissen/nobelpreise/ist-chronobiologie-medizinisch-relevant-15235639.html, Zugriff: 7.6.2020.

3 Corinna Mühlhausen: *Health Report 2020.* Frankfurt: Zukunfts-institut-Verlag, 2019.

4 Vgl. ebenda.

5 Nathaniel Kleitman: *Sleep and Wakefulness.* University of Chicago Press: Chicago, IL, u. a. 1987 (1963); ders.: »Basic Rest-Activity Cycle – 22 Years Later«, *Sleep* 5 (4), 1982, S. 311–317.

6 Francesco Cirillo: *The Pomodoro Technique.* 3. Aufl. FC Garage: Berlin, 2013.

7 Braun (Fraunhofer IAO), a. a. O.

Die Intervall-Woche in der Praxis oder Boss seines Lebens werden

1   Vgl. Albert Bandura: *Self Efficacy.* The Exercise of Control. New York: Freeman, 1997.

2   Gerhard Blasche, Sanja Pasalic, Verena-Maria Bauböck, Daniela Haluza und Rudolf Schoberberger: *Effects of Rest-Break Intention on Rest-Break Frequency and Work-Related Fatigue.* Medizinische Universität Wien: Wien, 2016.

3   Vgl. Geier Learning International, http://www.geierlearning.com/author.html, und https://de.wikipedia.org/wiki/DISG, beide Zugriff: 12.6.2020.

4   Wenn Sie mehr über D, I, S und G erfahren möchten, dann können Sie gern ein ausführliches Persönlichkeitsprofil machen. Unser Buchtipp dazu: Friedbert Gay und Debora Karsch: *Das persolog® Persönlichkeits-Profil.* Persönliche Stärke ist kein Zufall. Mit Fragebogen zur Selbstauswertung. 42. Aufl. Offenbach: Gabal, 2019.

5   Vgl. Robert Rosenthal und Lenore Jacobson: *Pygmalion im Unterricht.* Lehrererwartungen und Intelligenzentwicklung der Schüler. Weinheim: Beltz, 1971.

6   Vgl. Simon Sinek: *Frag immer erst: warum.* Wie Topfirmen und Führungskräfte zum Erfolg inspirieren. München: Redline, 2014.

7   Aus seiner berühmte Rede bei TED Talks von 2009: »The Golden Circle«, 14.8.2012, https://www.youtube.com/watch?v=fMOlfs-R7SMQ, Zugriff: 12.6.2020.

8   Ebenda.

9   Antoine de Saint-Exupéry: *Die Stadt in der Wüste.* Düsseldorf: Karl Rauch Verlag, 2009 (1956), zitiert nach https://www.gutzitiert.de/zitat_autor_antoine_de_saint-exupery_thema_motivation_zitat_33700.html, Zugriff: 4.6.2020.

10   Vgl. W. Chan Kim und Renée Mauborgne: *Der Blaue Ozean als Strategie.* Wie man neue Märkte schafft, wo es keine Konkurrenz gibt. 2. Aufl. München: Hanser, 2016.

11   Vgl. zum Beispiel Arthur Koestler: *Der göttliche Funke.* Der schöpferische Akt in Kunst und Wissenschaft. Bern/München/Wien: Scherz, 1966.

12   Jeff Jarvis: *Was würde Google tun?* Wie man von den Erfolgsstrategien des Internet-Giganten profitiert. München. Heyne, 2009.

13   Quelle: managerSeminare 266 (Mai 2020), S. 53; siehe auch https://www.managerseminare.de/ms_Heft/managerSeminare-Heft-266,277288, Zugriff: 12.6.2020.

Der Wandel oder Wie wir morgen arbeiten, um glücklich zu leben – Brave New Work

1 Vgl. auch Erik Händeler: *Die Geschichte der Zukunft.* Sozialverhalten heute und der Wohlstand von morgen. Kondratieffs Globalsicht. 11. Aufl. Moers: Brendow, 2018.

2 Michael Hübler: *Die Bienen-Strategie und andere tierische Prinzipien.* Wie schwarmintelligente Teams Komplexität meistern (Kindle-E-Book). Regensburg: Metropolitan, 2020.

3 Simon Sinek: *Das unendliche Spiel.* Strategien für den dauerhaften Erfolg. München: Redline, 2019, E-Book, Kapitel 1.

4 Frederic Laloux: *Reinventing Organizations.* Ein Leitfaden zur Gestaltung sinnstiftender Formen der Zusammenarbeit. München: Vahlen, 2015, S. 3.

5 Vgl. Michael Page: »6 Möglichkeiten, wie Sie Ihren Mitarbeitern Wertschätzung entgegenbringen können«, o. J., https://www. michaelpage.de/advice/management-tipps/mitarbeiterbindung/6-m%C3%B6glichkeiten-wie-sie-ihren-mitarbeitern-wert-sch%C3%A4tzung, Zugriff: 12.6.2020.

6 Vgl. Marisa Peer: *I Am Enough.* Mark Your Mirror And Change Your Life. O. O., Marisa Peer, 2018.

7 Hübler, a. a. O., E-Book, Kap. 2.1.1.

8 »Live: Hightech Summit Bayern«, Live-Übertragung am 3.2.2020, https://www.youtube.com/watch?v=qAy4bxmxgCA&t=50s, Zugriff: 12.6.2020.

9 Richard N. Foster: *Innovation.* Die technologische Offensive. Heidelberg, Redline Wirtschaft, 2006.

10 Erweitert und in Anlehnung an Kununu, Bewertungsplattform für Unternehmen – 19 Mitarbeitervorteile werden bewertet, die ein Unternehmen bietet; kununu.com. Stand: 2020.

Die Autoren

Prof. Dr. Lothar Seiwert, der unter anderem den Weltbestseller *Simplify Your Life* (als Co-Autor) und den Klassiker *Wenn du es eilig hast, gehe langsam* geschrieben und über fünf Millionen Bücher verkauft hat, appelliert seit über dreißig Jahren an die Menschen, sich auf das Wesentliche zu fokussieren, und zeigt, wie man nachhaltig an einer gesunden Work-Life-Balance arbeitet.

Bereits 1982 brachte er mit dem Präsidenten der Bundesanstalt für Arbeit das erste Buch über *Job Sharing* als innovatives Modell zur flexiblen Arbeitszeitgestaltung heraus.

In den USA wurde Europas führender Zeitmanagement-Experte mit dem höchsten und härtesten Qualitätssiegel für Vortragsredner, dem *Certified Speaking Professional* (CSP), und 2018 in Auckland/Neuseeland vom Speaker-Weltverband GSF mit dem *Global Speaking Fellow* ausgezeichnet. Die German Speakers Association (GSA) ehrte ihn mit der Aufnahme in die »Hall of Fame« der besten Vortragsredner und wählte Prof. Seiwert 2015 zu ihrem Ehrenpräsidenten. www.Lothar-Seiwert.de

Silvia Sperling, *MBA,* ist Wirtschaftsjournalistin, Autorin und Acquisitions Editor für Themen rund um Persönlichkeitsentwicklung, Lebensbalance und Gesundheit. Sie hat ihren Magister in Germanistik an der LMU München und Master in Unternehmensführung, -gründung und -nachfolge an der TH Deggendorf in Bayern und an der Santa Clara University in USA abgeschlossen. Im Anschluss war sie Mitentwicklerin und Mitgründerin des Verlagsimprints *Knaur Balance.*

Sie ist die Co-Autorin der erfolgreichen *Bullet-Journal-*Reihe, die sie zusammen mit Lothar Seiwert publiziert hat. Nach Arbeitsaufenthalten in Österreich, Italien und dem Studienaufenthalt in Silicon Valley hat sich die geborene Slowakin auf Innovationsmanagement spezialisiert. Sie lebt in München. Als *Chief Intervall Officer* (CIO) hilft sie Einzelpersonen und Unternehmen, die Intervall-Woche in die Praxis umzusetzen. www.intervall-woche.de

Index

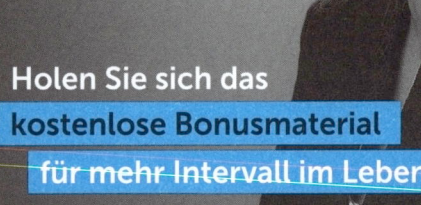

INTERVALL-WOCHE

Your Rhythm. Your Life.

Bleiben Sie auf dem Laufenden
zu New Work!

Vorträge, Coachings, Webinare, News
und Tipps rund um die neue Arbeitskultur,
die Ihr Leben verändert.

**Holen Sie sich das
kostenlose Bonusmaterial
für mehr Intervall im Leben.**

silvia.sperling@intervall-woche.de
www.intervall-woche.de